电网设备状态检测技术培训教材

红外热像检测

国网技术学院 编

中国电力出版社
CHINA ELECTRIC POWER PRESS

内 容 提 要

为切实提高电网设备状态检测人员技术水平，确保状态检测人员技术集中培训工作规范、有序实施，国家电网公司组织编写了《电网设备状态检测技术培训教材》丛书。丛书目前有六个分册，本分册为《红外热像检测》。

本分册主要内容包括红外热像检测基本知识、电网设备红外热像检测诊断、红外热像检测仪器及操作实践、诊断技术与规范解读。附录包括练习题库、作业指导书、技能操作考核评分表、带电检测报告（样例）、变电站（发电厂）第二种工作票和常见物质典型辐射率。

本书可供电力系统工程技术人员和管理人员学习及培训使用，也可作为电力职业院校教学及新入职员工培训的参考资料。

图书在版编目（CIP）数据

红外热像检测 / 国网技术学院编．—北京：中国电力出版社，2015.5（2023.5 重印）

电网设备状态检测技术培训教材

ISBN 978-7-5123-7570-3

Ⅰ.①红…　Ⅱ.①国…　Ⅲ.①红外线检测-技术培训-教材
Ⅳ.①TN215

中国版本图书馆 CIP 数据核字（2015）第 072741 号

中国电力出版社出版、发行
（北京市东城区北京站西街 19 号　100005　http://www.cepp.sgcc.com.cn）
北京雁林吉兆印刷有限公司印刷
各地新华书店经售
*
2015 年 5 月第一版　　2023 年 5 月北京第四次印刷
710 毫米×980 毫米　16 开本　7.75 印张　123 千字
印数 7501—8000 册　　定价 **31.00** 元

《电网设备状态检测技术培训教材》

编　审　人　员

吕　军　彭　江　冀肖彤　张祥全　周新风

杨本渤　徐玲玲　闫春雨　焦　飞　程　序

杨　柳　杨　健　陈威斋　张　鑫　赵义术

马志广　战　杰　牛　林

《红外热像检测》分册

编　写　人　员

主　　编　马梦朝（国网技术学院）

副 主 编　李　勇（国网山东省电力公司）

编写人员　周建国（国家电网公司华东分部）

姚力夫（国网河南省电力公司）

章　岩（国网陕西省电力公司）

李进扬（国网湖北省电力公司）

陈洪岗（国网上海市电力公司）

王　伟（国网山东省电力公司）

黄金鑫（国网技术学院）

张　彦（国网技术学院）

崔金涛（国网技术学院）

鲁国涛（国网技术学院）

李艳萍（国网技术学院）

前　言

近年来，国家电网公司大力推行电网设备状态检测技术，为切实提高电网设备状态检测人员技术水平，确保状态检测工作规范、扎实、有效开展，公司先后于2013年和2014年委托国网技术学院组织开展了状态检测人员技术集中培训并积累了一定经验。为确保后续培训工作规范、有序实施，国家电网公司组织专家编写了《电网设备状态检测技术培训教材》丛书。

本丛书编写坚持系统、精炼、实用、配套的原则，整体规划，统一协调，分步实施。目前已完成《红外热像检测》《电容型设备相对介质损耗因数及电容量比值测量》《开关柜暂态地电压与超声波局部放电检测》《GIS特高频与超声波局部放电检测》《油中溶解气体分析》和《SF_6气体检测》六个分册，每个分册主要由学习任务、练习题库、作业指导书、技能操作考核、检测报告、变电站（发电厂）第二种工作票组成。

本丛书是在国网技术学院两年集中培训试用基础上经过修改完善形成的任务导向型培训教材，也是国家电网公司各单位状态检测技术研究及应用成果的结晶。本丛书可供电力系统工程技术人员和管理人员学习及培训使用，也可作为电力职业院校教学及新入职员工培训的参考资料。

由于时间仓促，书中疏漏之处在所难免，望广大读者批评指正。

编　者

2015年4月

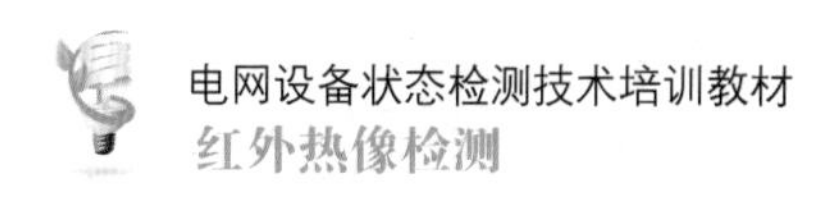

目　录

学习情境描述　本课程学习情境为：认识在状态检修模式下对红外热像检测项目的基本要求。学习红外基本知识、原理及应用知识，学习高压设备热故障的模式、机理和发展，教学和实际操作，学习红外热像仪的使用方法，学会对设备异常热图进行缺陷诊断和红外检测报告的填写。

教学目标　通过学习本课程，使学员了解红外基本知识、原理及应用知识，掌握高压设备热故障的模式、机理和发展，熟悉输变电设备常见异常发热故障部位及其典型热像特征。掌握一般热像仪器的基本操作方法、红外检测报告格式，熟悉现场检测标准化作业方法及流程。掌握 DL/T 664—2008《带电设备红外诊断应用规范》对红外热像检测的基本要求，熟练掌握设备发热缺陷的判断方法及标准。

教学环境　多媒体教室，相关标准和案例资料，现场实训模拟变压器和多台红外热像仪。

任务一　红外热像检测基本知识

教学目标　通过本任务的学习，使学员了解红外基本知识、原理及应用知识，掌握电网设备热故障的类型、机理和影响电力设备红外测量因素。

任务描述　本任务为学习红外基本知识，学习电力设备红外检测基本原理。

任务准备　了解电力设备状态检修、状态检测知识及相关规范、规程的基本内容，了解光学基本知识。

任务实施　系统学习红外检测技术发展过程及红外检测技术基本知识，红外热像检测应用知识和电力设备红外检测基本原理，通过理论讲解、展示、互动等讲授方法使学员对红外检测基本知识有系统认识，对电力设备红外检测有初步了解。

相关知识 光学基本知识、电工理论基本知识等相关知识。

一、红外检测技术发展概述

1 红外线的发现

1800 年英国的天文学家 Mr. William Herschel 用分光棱镜将太阳光分解成从红色到紫色的单色光，依次测量不同颜色光的热效应。他发现，当水银温度计移到红色光边界以外，人眼看不见任何光线的黑暗区的时候，温度反而比红光区更高。反复试验证明，在红光外侧，确实存在一种人眼看不见的“热线”，后来称为“红外线”，也就是“红外辐射”（见图 1-1）。

图 1-1　Mr. William Herschel 发现红外线

2 红外检测技术发展过程

从历史上看，红外检测技术是随着红外探测器的发展而发展的。Mr. William Herschel 在 1800 年发现红外辐射是使用的普通温度计进行的，在 1830 年提出了辐射热电偶探测器，1840 年根据物体不同的温度分布，制定了温度谱图。

红外检测形成为应用技术始于军事，20 世纪 60 年代初，世界上第一台用于工业检测领域的红外热成像仪（THV651）诞生（AGA），尽管体积庞大而笨重，但很快作为一种检测工具在各种应用中找到了它的位置，特别是在电力维修保养中体现了它的重要价值，与当时的瑞典国家电力公司合作，首次用于电力线检测。

红外检测技术的高级发展应用是红外自动目标识别技术，系统通过与可见光组成的多功能传感器，配用多功能目标捕捉处理器以及信息处理技术，对目标实现高速、自动、可靠地探测、识别、测距、定位、跟踪及故障判别。

在 20 世纪末，我国建成红外热成像技术民用产品生产基地，将这种世界顶尖技术国产化，推进红外技术在国内的实用化。

国外红外探测器技术发展过程如图 1-2 所示，国内红外检测技术发展过程如图 1-3 所示。

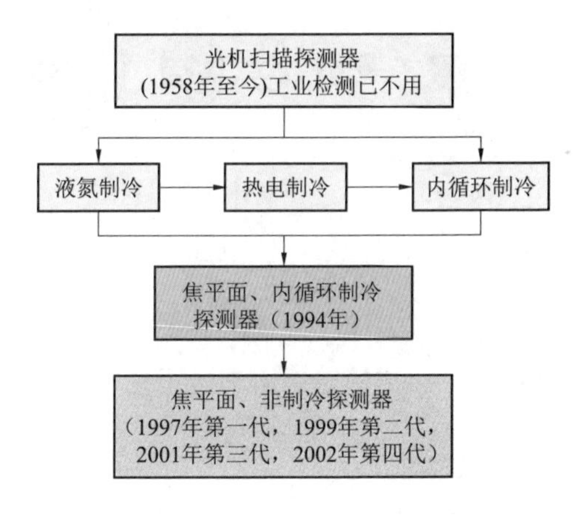

图 1-2　国外红外探测器技术发展过程

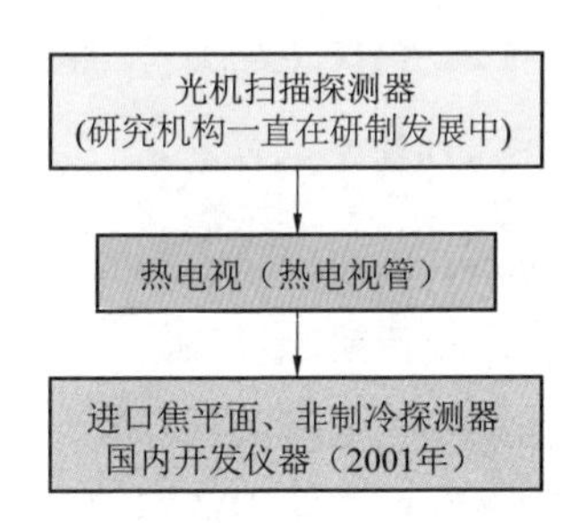

图 1-3　国内红外检测技术发展过程

③ 红外检测仪器

（1）红外测温仪（点温计）。

被测物体的红外辐射能量与温度成一定的函数关系，辐射能量通过仪器的透镜、滤光片汇聚到探测器，探测器将辐射能转换成电信号，经过放大器、A/D 转换器的处理，最后显示出温度值。

红外测温仪（点温计）的主要技术参数为距离系数 K_L

$$K_L = L/D \qquad (1-1)$$

式中　K_L——距离系数；

L——目标距离，m；

D——目标直径，m。

距离系数越大，表明性能越高，允许被测物体越远越小，在距离远目标小的物体，例如变压器套管头、穿墙套管头等应选用距离系数大的红外测温仪，否则可能会造成很大的误差。

红外测温仪（点温计）测温如图 1-4 所示。测量目标 A 的温度时，背景 C 对测量结果有影响，目标 B 对目标 A 的测量温度无影响。

7.5：1 点温计测温如图 1-5 所示。

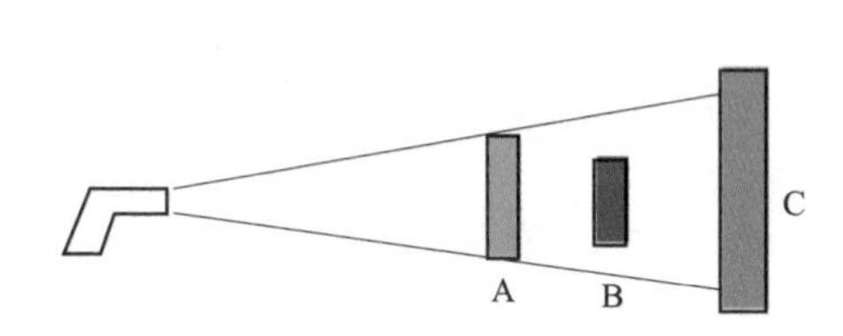

图 1-4　红外测温仪（点温计）测温示意图

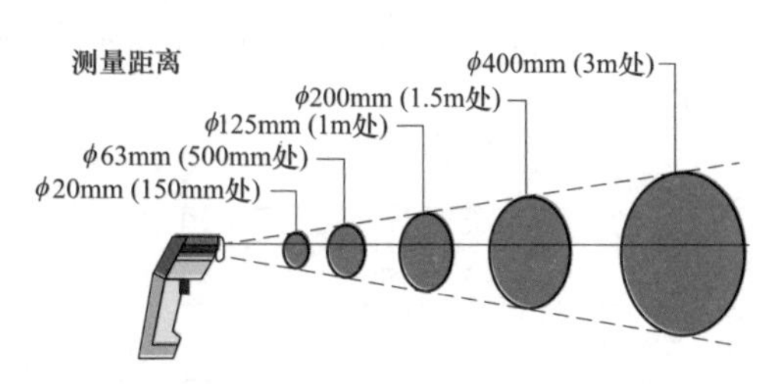

图 1-5　7.5∶1 点温计测温示意图

（2）红外热电视。

红外热电视通过热电释管（PEV）接受到的物体表面红外辐射，把人肉眼不可见的热像图转换成视频信号，热电释管（PEV）由透镜、靶面和电子枪三部分组成，是红外热电视的核心器件。

透镜是红外热电视的窗口，有选择性的允许波长在 3～5μm 或 8～14μm 的红外辐射波通过，材料一般为单晶体的锗（Ge）或硅（Si）。

靶面将红外辐射的热能转换成电信号，其材料是在接受到红外辐射时能发生极化作用并产生电压信号的晶体热电材料，有硫酸三甘肽、钽酸锂等。

电子枪则阅读电子束和靶面产生的电荷信号，输出至视频回路，经过放大器的放大由显示屏显示出热像图。

（3）红外热像仪（焦平面）。

红外热像仪是当今红外检测与诊断技术所应用的最先进的仪器，分为光机扫描系统和焦平面两大类，近几年焦平面数字式红外热像仪发展迅速，克服了光机扫描系统的复杂性和不可靠性，有逐步取代光机扫描红外热像仪的趋势。

焦平面红外热像仪数字式的核心元件是由数万个各自独立的半导体光电耦合器件（硅铂、碲镉汞、锑化铟等）构成的焦平面阵列集成电路。

红外热像仪可将不可见的红外辐射转换成可见的图像。物体的红外辐射经过镜头聚焦到探测器上，探测器将产生电信号，电信号经过放大并数字化到红外热像仪的信号处理部分，再转换成能在显示器上看到的红外图像，红外转换原理如图 1-6 所示，红外热图与可见光图对照如图 1-7 所示。

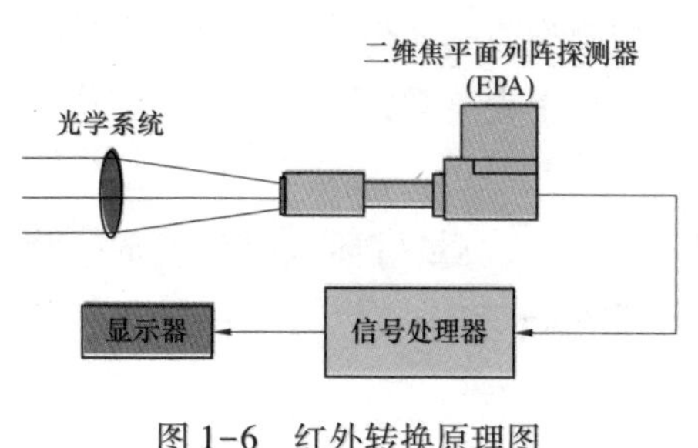

图 1-6　红外转换原理图

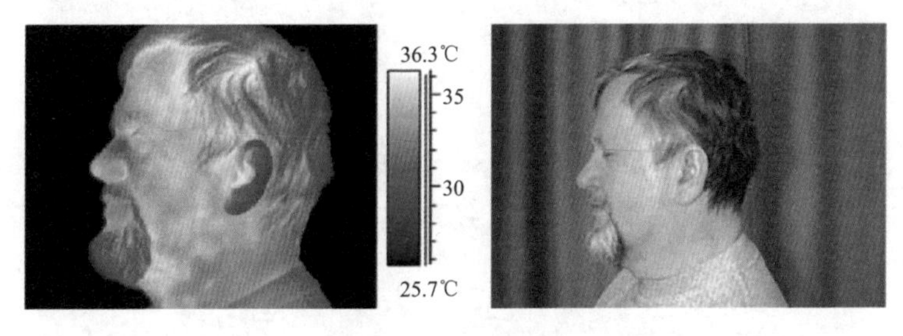

图 1-7　红外热图与可见光图对照

二、红外热像检测基本知识

❶ 电磁波谱（见图 1-8）

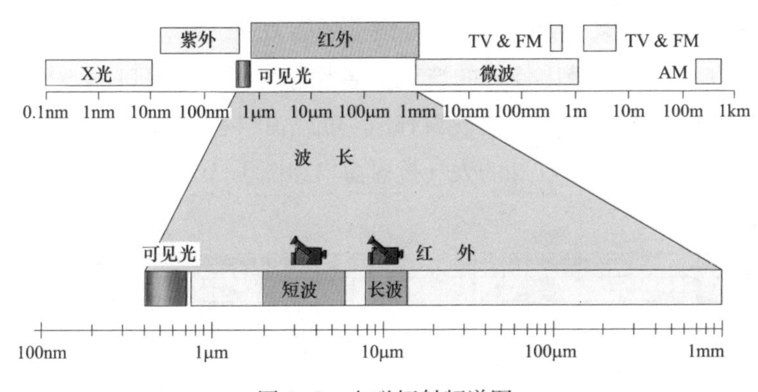

图 1-8　电磁辐射频谱图

通常把波长大于红色光线波长 0.75μm，小于 1000μm 的这一段电磁波称作“红外线”，也常称作“红外辐射”。

❷ 红外线特性

（1）红外线辐射是自然界存在的一种最为广泛的电磁波辐射。

（2）自然界一切绝对温度高于绝对零度的物体，不停地辐射出红外线，辐射出的红外线带有物体的温度特征信息。

（3）任何温度高于绝对零度（-273.15℃）的物体都会发出红外线，比如冰块（见图 1-9）。

这就是红外技术探测物体温度高低和温度场分布的理论依据和客观基础。

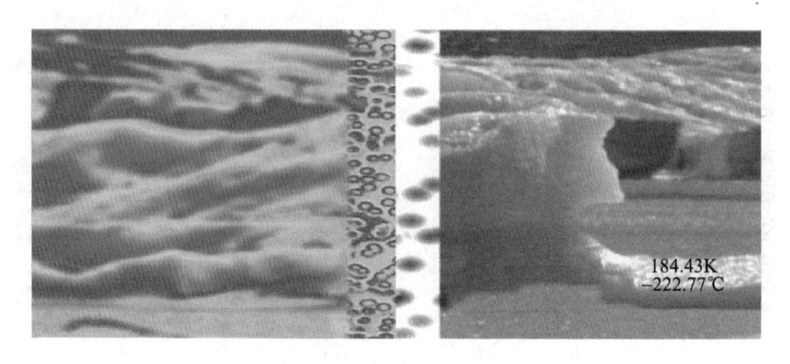

图 1-9　冰块红外分布

3 红外线传播

红外线在大气中传播受到大气中的多原子极性分子，例如二氧化碳、臭氧、水蒸气等物质分子的吸收而使辐射的能量衰减，但存在三个波长范围 1~2.5μm、3~5μm、8~14μm 区域，吸收弱，红外线穿透能力强，称为“大气窗口”。

红外线在大气中穿透比较好的波段，通常称为“大气窗口”。红外热成像检测技术，就是利用了所谓的“大气窗口”。短波窗口在 1~5μm 之间，而长波窗口则是在 8~14μm 之间。红外的大气投射窗口如图 1-10 所示。

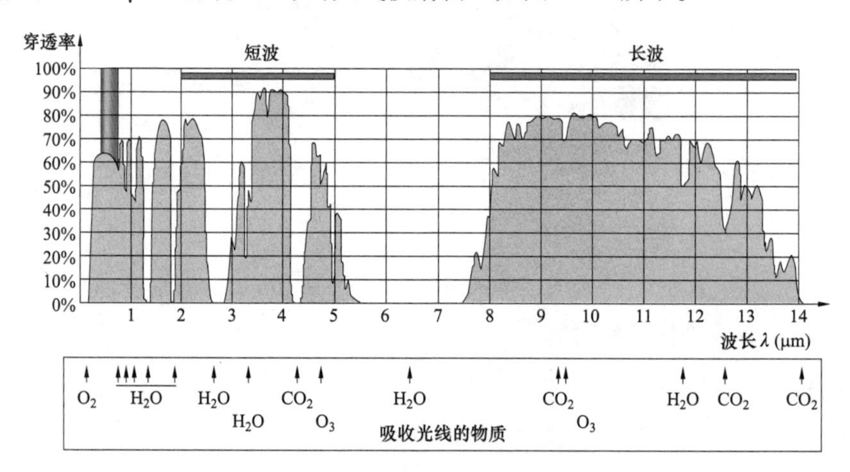

图 1-10　红外的大气投射窗口

一般红外线热像仪使用的波段为：短波 3~5μm；长波 8~14μm。

大气衰减与波长密切相关。在某些波长，几千米的距离也只有很少的衰减，而在另一些波长，经过几米的距离辐射就衰减得几乎没有什么了。

红外辐射峰值波长与对应的温度关系如表 1-1 所示。

表 1-1　　温度与红外波峰值波长的关系

温度（℃）	峰值波长范围（μm）	波段
3540~693	0.76~3	近红外
693~210	3~6	中红外
210~-80	6~15	远红外
-80~-270	15~1000	极远红外

4 热辐射（见图 1-11）

辐射是从物质内部发射出来的能量。由于物体被加热，其分子内原子的相对振动、分子转动、晶体中原子的振动都随之被激发到更高能级。当它向下跃迁时，就进行辐射，这种辐射称为热辐射。

图 1-11　热辐射的传导

5 物体接收的入射辐射（见图 1-12）

辐射——物体向外发出自身能量。

吸收——物体获得并保存来自外界的辐射。

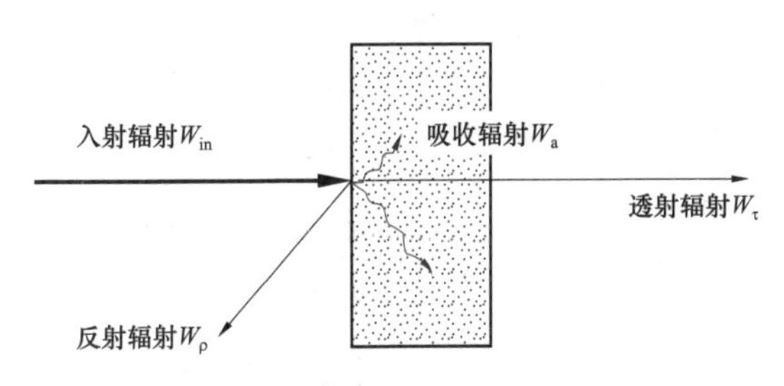

图 1-12　入射辐射对物体的作用

反射——物体弹回来自外界的辐射。

透射——来自外界的辐射经过物体穿透出去。

$$W_a+W_\rho+W_\tau=W_{in}=100\% \tag{1-2}$$

$$a+\rho+\tau=1 \tag{1-3}$$

式中 a——吸收系数；

ρ——反射系数；

τ——透射系数。

6 物体发出的红外辐射（见图 1-13）

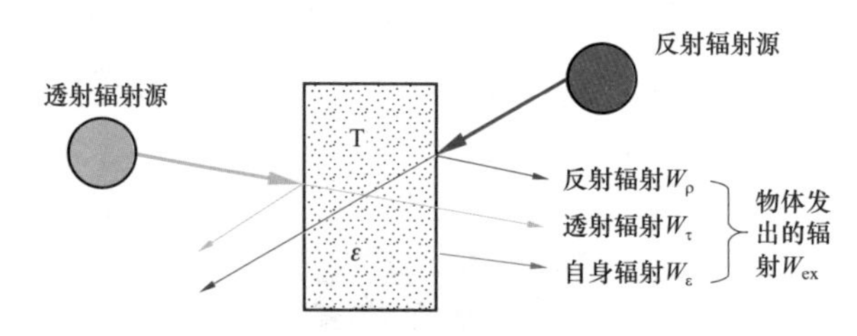

图 1-13 红外辐射对物体的作用

$$W_\varepsilon+W_\rho+W_\tau=W_{ex}=100\% \tag{1-4}$$

$$\varepsilon+\rho+\tau=1 \tag{1-5}$$

式中 ε——辐射系数（辐射率、发射率）。

物体自身的红外辐射是各个方向的，辐射量取决于物体自身的温度以及它的表面辐射率，所有物体都有温度以及表面辐射率，所以所有物体都有红外辐射。

物体温度越高，红外辐射越多，反之，物体温度越低，辐射越低。辐射率也一样，即使物体温度一样，高辐射率物体的辐射要比低辐射率物体的辐射要多，所以物体的温度及表面辐射率决定着物体的辐射能力。

7 辐射率和吸收率

物体的辐射能力表述为辐射率（Emissivity，简写为 ε），是描述物体辐射本领的参数。

茶壶中装满热水（见图 1-14），茶壶右边玻璃的表面辐射率比左边不锈钢的高，尽管两部分的温度相同，但右边的辐射要比左边的高，这也意味着物体右边的散热效率要比左边的高，如果用红外热像仪观看，右边看上去要比左边热。

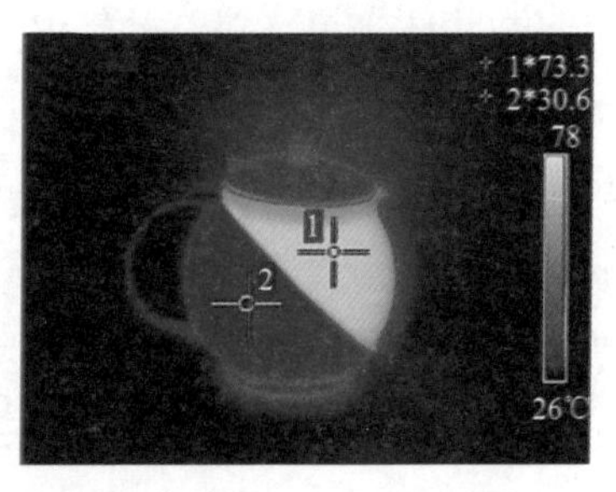

图 1-14　茶壶的辐射情况

一般来说，物体接收外界辐射的能力与物体辐射自身能量的能力相等，亦即 $a=\varepsilon$。

也就是说，如果一个物体吸收辐射的能力强，那么它辐射自身能量的能力就强，反之亦然。所以一个不透明的差的吸收体是一个好的反射体，一个好的反射体同时也是一个差的辐射体。例如人们在物体表面覆上一层铝箔来保温，就是这个道理。

8 黑体

黑体是一个理想的辐射体，真正的黑体并不存在。

黑体 100% 吸收所有的入射辐射，也就是说它既不反射也不穿透任何辐射，即 $a=1$。

黑体 100% 辐射自身的能量，即 $\varepsilon=1$。

9 实际物体的红外辐射（见图 1-15）

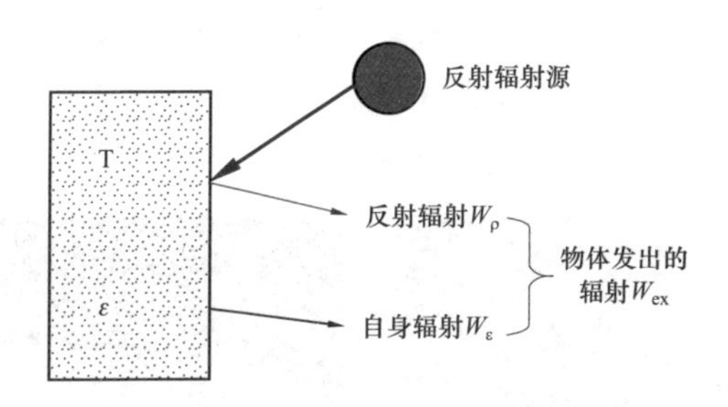

图 1-15　实际物体的红外辐射

实际测量的物体并不是黑体，但它具有上面所说物体的所有特性，即具有吸收、辐射、反射、穿透红外辐射的能力。

但对大多数物体来说，对红外辐射不透明，即 $\tau=0$。

所以对于实际测量来说

$$\varepsilon+\rho=1 \tag{1-6}$$

实际物体的辐射由自身辐射和反射环境两部分组成。

光滑表面的反射率较高，容易受环境影响（反光），粗糙表面的辐射率较高。

不同的材料、不同的温度、不同的表面光度、不同的颜色等，所发出的红外辐射强度都不同（辐射率不同）。

在检测过程中，由于辐射率对测温影响很大，因此必须选择正确的辐射系数。

电力设备发射率一般为 0.85~0.95，常见物体辐射率见附录 F。

对运行的电力设备进行红外测温探测，多数情况下是通过比较方法来判断的，因此一般只需求出相对温度值的变化或相对温差的比值，而无需过分强调被测目标物体的红外辐射率，但若要精确测量目标物体的真实温度时，必须事先知道和了解物体的红外辐射率 ε 的范围。否则，测出的温度与物体的实际温度将有较大的误差。

⑩ 辐射系数的测量

测量方法：模拟黑体法；参考黑体法；涂料法；直接测定法；接触测温法。

简单测试方法。

准备：选择该材料的一个样品；在红外热像仪中设置环境温度；在样品上贴上已知辐射率的胶带；均匀加热样品到其高于环境温度 20℃ 以上；拍摄红外图像并冻结。

测量：设置胶带的辐射率（0.95）；测量胶带温度（用点温或区域平均温）；记下所测温度；再将点或区域移动到样品上；改变辐射率，直到温度与刚才所记的温度相同；记下此辐射率（见图 1-16）。

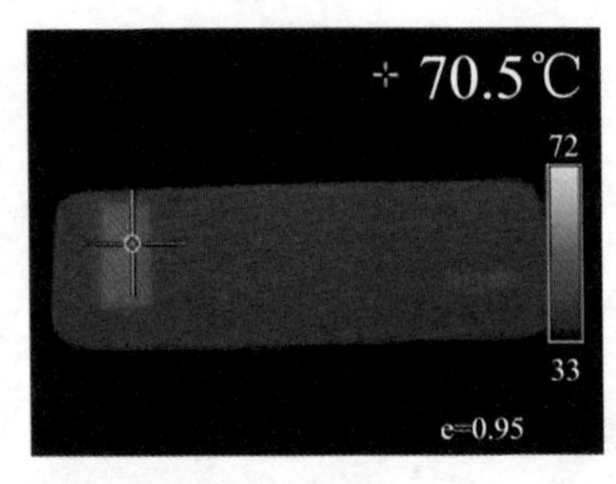

图 1-16　样品及其红外图像

⑪ 红外辐射的规律

（1）红外线在真空中的传播速度：

$$C=\lambda\omega\approx3\times10^{8}(\mathrm{m/s}) \tag{1-7}$$

式中　C——传播速度，m/s；

λ——波长，μm；

ω——频率，rad/s。

（2）维恩位移定理：物体表面红外线辐射的峰值波长与物体表面分布的温度有关，峰值波长与温度成反比

$$\lambda_{\mathrm{p}}=\frac{2898}{T}(\mu\mathrm{m}) \tag{1-8}$$

式中　λ_{p}——峰值波长，μm；

T——物体的绝对温度，K。

（3）斯蒂芬—波尔兹曼定律：物体的红外辐射功率与物体表面绝对温度的四次方成正比，与物体表面的辐射率成正比。物体红外辐射的总功率对温度的关系

$$P=\varepsilon\times\sigma\times T^{4}(\mathrm{W/m^{2}}) \tag{1-9}$$

式中　P——物体热辐射的总功率，W；

σ——斯蒂芬—波尔兹曼常数，自然界中 $\sigma=5.67\times10^{-8}\mathrm{W/(m^{2}\cdot K^{4})}$。

三、电力设备红外检测基本机理

❶ 电力设备故障类型和机理

（1）电力设备发热类型。

电力设备在正常工作的时候，由于电流电压的作用，将产生发热。这些发热的形成多种多样。

1）电阻损耗。按照焦耳定律，电流通过导体存在的电阻将产生热能，其发热功率为

$$P=K_{\mathrm{f}}I^{2}R(\mathrm{W}) \tag{1-10}$$

式中　P——发热功率，W；

I——电流强度，A；

R——电器或载流导体的直流电阻，Ω；

K_f——附加损耗系数。

2）介质损耗。电气绝缘介质，由于交变电场的作用，使介质极化方向不断改变而消耗电能并引起发热，由此而产生的发热功率为

$$P=U^2\omega C\tan\delta(\mathrm{W}) \tag{1-11}$$

式中 U——施加的电压，V；

ω——交变电压角频率，rad/s；

C——介质的等值电容，F；

$\tan\delta$——介质损耗角正切值。

这种发热被称为电压效应引起的发热。

3）铁损。当在励磁回路上施加工作电压时，由于铁芯的磁滞、涡流而产生的电能损耗并形成发热。

以上三种发热形式，在正常运行的设备中也同样存在，这时设备表现为正常的热分布。若设备出现异常，这些发热机理将加剧或表现异常，则其热分布图像也与正常情况不一样。

（2）电力设备故障类型。

1）电力设备的外部故障。所谓电力设备的外部故障，主要是指对外界可以直接观测到的设备部位发生的故障。其中又可以分为两种类型，一类是长期暴露在大气中的各种裸露电气接头因接触不良等原因引起的过热故障；另一类则是由于表面污秽或机械力作用引起绝缘性能降低造成的过热故障，如绝缘子劣化或严重污秽，引起泄漏电流增大而发热。

这类故障可以直接暴露在红外诊断仪器的视场范围之内，所以检测和诊断都比较容易，能够做到直观且一目了然。

缺陷原因：

a）设备设计不合理。

b）安装施工不严格，不符合工艺要求。如连接件的接触表面未除净氧化层及其他污垢；焊接工艺差；或紧固螺母不到位，未拧紧；或者是未加弹簧垫圈；或者是由于连接件内导体不等径等。

c）导线在风力舞动下或者外界引起的振动等机械力作用下，以及线路周期性过负荷及环境温度的周期性变化，也会使电气连接部件周期冷缩热胀，引起连接松动。

d）长期裸露在大气环境中工作，因受雨、雪、雾有害气体及酸、碱、盐等腐蚀性尘埃的污染和侵蚀，造成接头表面材料氧化等。

e）长期运行引起弹簧老化等。

2）电气设备的内部故障。所谓电气设备的内部故障，主要是指封闭在固体绝缘、油绝缘以及设备壳体内部的电气回路故障和绝缘介质劣化引起的各种故障。故障出现在电气设备的内部，无法像外部故障那样能够从设备的外部直接检测出来。

根据各种电气设备的内部结构和运行状态，依据传热学理论，分析传导、对流和辐射三种热传递形式沿不同传热路径的贡献（多数情况下只考虑传导与对流），结合模拟试验与大量现场检测实例的统计分析和解体验证，从电气设备外部显现的温度分布热像图，分析判断与其相关的内部故障。

主要内部故障类型有：

a）内部电气连接不良或触头不良故障。如封闭在绝缘盒内的发电机定子线棒接头焊接不良、各种电气设备内部导电体连接不良、断路器触头不良、高压电力电缆出线鼻端连接不良等。此类故障的发热机制与外部故障相同。

b）介质损耗增大故障。各种以油作绝缘介质的高压电气设备，一旦出现绝缘介质劣化或进水受潮，都会因介质损耗增加而发热。其发热机制属于电压效应发热，发热功率可用 $P=U^2\omega C\tan\delta$ 表示。

c）绝缘老化，开裂或脱落故障。许多高压电气设备中的导电体绝缘材料因材质不佳或运行中老化，引起局部放电而发热；或者因老化、开裂或脱落，引起绝缘性能劣化或进水受潮，这种故障发热也属于电压效应发热。

d）电压分布不均匀或泄漏电流过大性故障。

e）涡流损耗（铁损）增大性故障。对于由绕组线圈或磁路组成的高压电气设备，由于设计不合理、运行不佳和磁回路不正常引起的磁滞、磁饱和与漏磁；或者由于铁芯片间绝缘破损，造成短路时，均可引起局部发热或铁制箱体发热。其发热机制为铁损或涡流损耗发热。

f）缺油故障。油浸高压电气设备由于漏油而造成油位低下，严重者可引起油面放电，并导致表面温度分布异常。这种热特征，除放电时引起发热外，主要是由于设备内部油面上下介质的热物性不同所致。

g）其他发热故障。特殊运行方式，过负荷或电压变化过大、单相运行等引起的故障，或者冷却系统设计不合理与堵塞、散热条件差等引起的故障。

❷ 影响电力设备红外测量因素

（1）大气影响：大气吸收的影响。

红外辐射在传输过程中由于大气中极性分子的吸收作用总要受到一定的能量衰减。“大气窗口” 的三个波长区域 1~2.5μm、3~5μm 和 8~14μm 受大气吸收的影响尽管很小，但辐射能量仍会被衰减，有选择地吸收一定波长的红外线。

因此，红外检测尽可能选择无雨无雾、空气湿度低于 85% 的环境条件。

（2）颗粒影响：大气尘埃及悬浮粒子的影响。

大气中的尘埃及悬浮粒子的存在是红外辐射在传输过程中能量衰减的又一个原因。这主要是由于大气尘埃的其他悬浮粒子的散射作用的影响，使红外线辐射偏离了原来的传播方向而引起的。

悬浮粒子的大小与红外辐射的波长 0.76~17μm 相近，当这种粒子的半径在 0.5~880μm 之间时，如果相近波长区域红外线在这样的空间传输，就会严重影响红外接收系统的正常工作。

因此，红外检测应在少尘或空气清新的环境条件下进行。

（3）风力影响。

当被测的电气设备处于室外露天运行时，在风力较大的环境下，由于受到风速的影响，存在发热缺陷的设备的热量会被风力加速散发，使裸露导体及接触件的散热条件得到改善，散热系数增大，而使热缺陷的设备的温度下降。

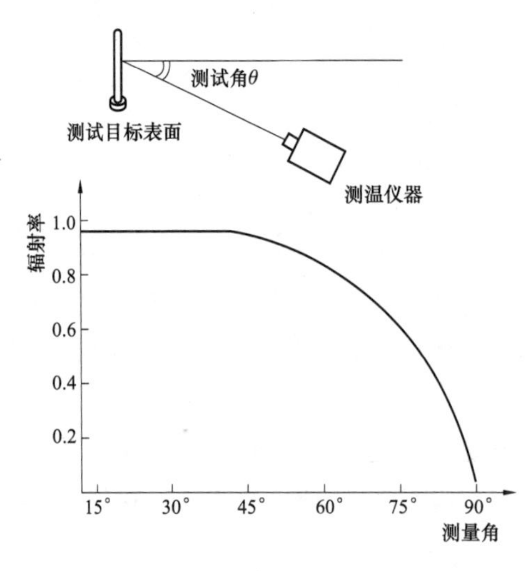

图 1-17　辐射率与测量角关系

（4）辐射率影响。

一切物体的辐射率都在大于零和小于 1 的范围内，其值的大小与物体的材料、表面光洁度、氧化程度、颜色厚度等有关。

（5）测量角影响（见图 1-17）。

辐射率与测试方向有关，最好保持测量角在 30°之内，不宜超过 45°。

当不得不超过 45°时，应对辐射率作进一步修正。

（6）热辐射影响：邻近物体热辐射的影响。

当环境温度比被测物体的表面温度高很多或低很多时，或被测物体本身的辐射率很低时，邻近物体的热辐射的反射将对被测物体的测量造成影响。

（7）太阳影响：太阳光辐射的影响。

当被测的电气设备处于太阳光辐射下时，由于太阳光的反射和漫反射在3～14μm波长区域内，且它们的分布比例并不固定，因这一波长区域与红外诊断仪器设定的波长区域相同而极大地影响红外测温仪器，特别是红外成像仪器的正常工作和准确判断，同时，由于太阳光的照射造成被测物体的温升将叠加在被测设备的稳定温升上。

所以红外测温时最好选择在天黑或没有阳光的阴天进行，这样红外检测的效果相对要好得多。

任务二 电网设备红外热像检测诊断

教学目标 通过本任务的学习，使学员掌握主要电网设备红外热像检测典型缺陷。

任务描述 本任务为学习主要电网设备的主要构成和典型发热缺陷。

任务准备 了解主要电网设备的内部结构和原理。

任务实施 系统学习电网设备的主要构成和典型发热缺陷，通过理论讲解、案例展示、互动等讲授方法使学员对电网设备的主要构成和典型发热缺陷有初步了解。

相关知识 电网设备的内部结构和基本原理等相关知识。

一、变压器

变压器是电网中最为关键的设备之一，担负着电能输送和电压转换的作用。变压器组成部件包括本体、冷却装置、调压装置、保护装置（气体继电器、储油柜、测温装置等）和出线套管。目前，红外测温是变压器带电状态下的有效检测手段，通过红外热成像技术能发现变压器本体、储油柜、套管、冷却器及其控制回路等大量不同类型的缺陷。

1 本体

变压器本体由铁芯、线圈、油箱、绝缘油等组成，由于体积大、内部油循环，很难通过红外检测发现变压器内部故障或缺陷，但可以发现漏磁一类的发热缺陷，常见发热缺陷如图 2-1~图 2-3 所示。

2 储油柜

储油柜俗称油枕，多为圆筒形容器。当变压器油热胀时，油从油箱流向储油柜；当变压器油冷缩时，油从储油柜流向油箱。变压器储油柜按照结构可分为敞开式、隔膜式、胶囊式、金属纹波式，在油位指针指示不准的情况下，可以通过红外检测其真实油位。常见发热缺陷如图 2-4~图 2-6 所示。

图 2-1　500kV 主变压器本体三相温度分布不一致（B 相强油循环没打开）

图 2-2　220kV 主变压器本体箱体表面局部过热（漏磁形成的涡流）

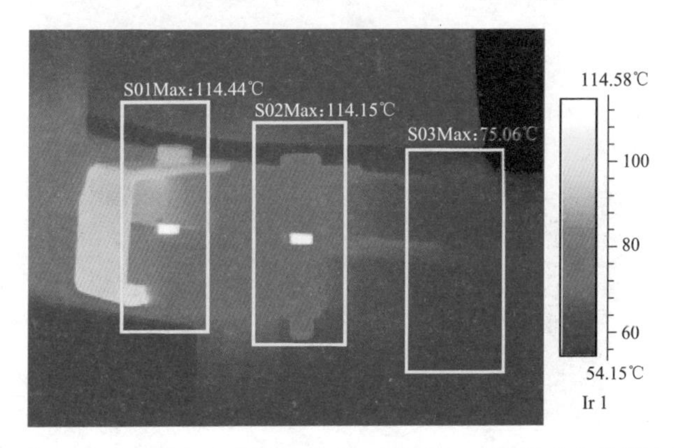

图 2-3　220kV 主变压器本体螺栓温度过高（漏磁形成的涡流）

图 2-4　500kV 变压器储油柜油位低

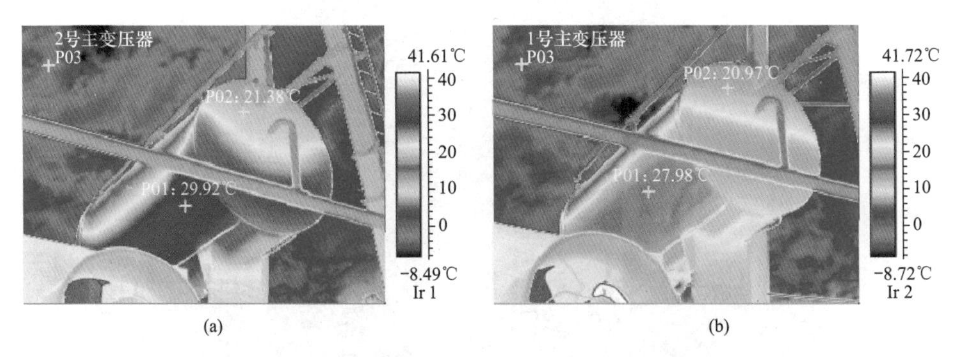

图 2-5　220kV 主变压器储油柜油位呈曲线（储油柜隔膜脱落，右图为正常相）

（a）隔膜脱落；（b）正常相

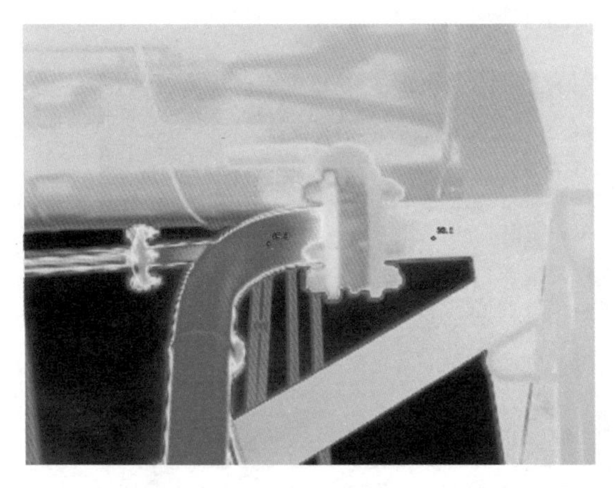

图 2-6　220kV 主变压器储油柜阀门两侧温差较大（阀门未开）

③ 套管

变压器套管是将变压器内部高、低压引线引到油箱外部的绝缘套管，不但作为引线对地绝缘，而且担负着固定引线、长期通过负荷电流的作用。套管按结构可分为电容式、充油、纯瓷套管，电容式套管由导电杆、电容屏、绝缘油、外瓷套等组成，多用于35kV以上电压等级变压器，其故障发生几率也较高。通过红外检测手段能发现套管缺油、主绝缘介损偏大等各类缺陷，常见发热缺陷如图2-7~图2-13所示。

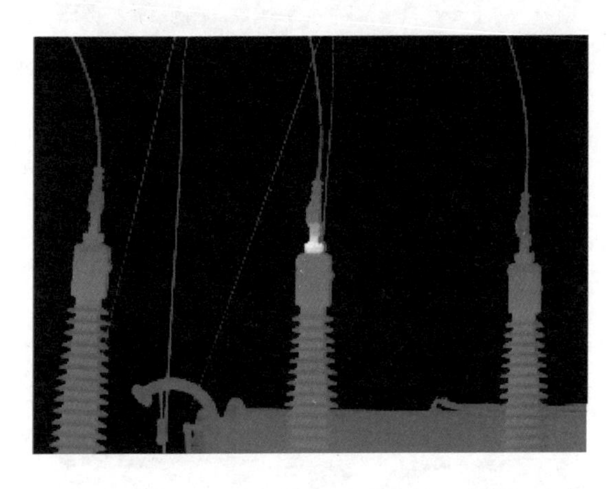

图2-7　220kV变压器套管接点发热（接触不良）

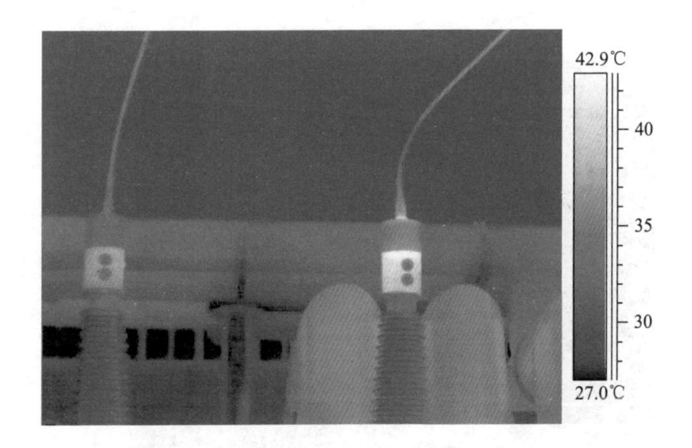

图2-8　220kV主变压器套管内接头发热（内部接触不良）

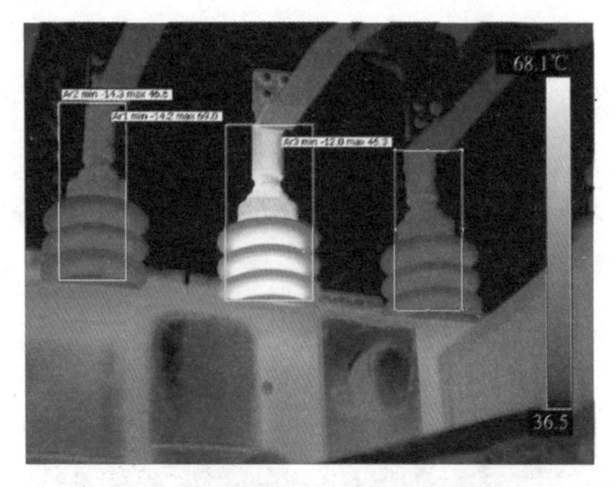

图 2-9　10kV 套管整体发热（绕组与套管连接处接触不良）

图 2-10　220kV 主变压器三相套管油面有明显的水平分界线（套管缺油）

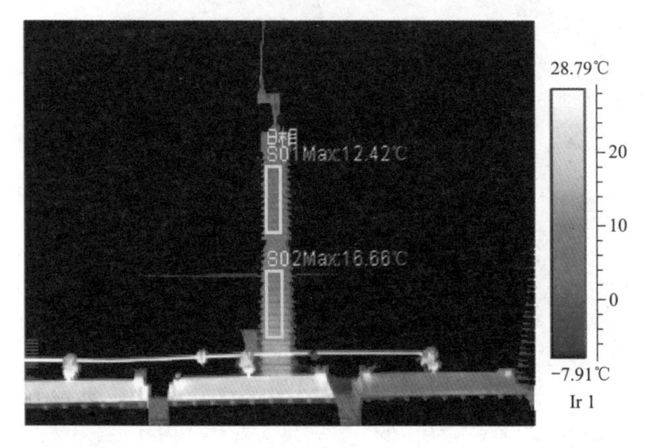

图 2-11　220kV 主变压器套管局部温度过高（介损偏大）

图 2-12　110kV 主变压器套管局部温度高（表面污秽）

图 2-13　66kV 主变压器套管升高座发热（C 相套管升高座下部引线断股）

④ 冷却器

冷却器又称散热器，用油循环方式散热。变压器常见冷却方式有自冷、风冷、强油风冷等，冷却器主要由散热片、联管、阀门、风扇、潜油泵等组成，常见红外检测发热缺陷如图 2-14～图 2-16 所示。

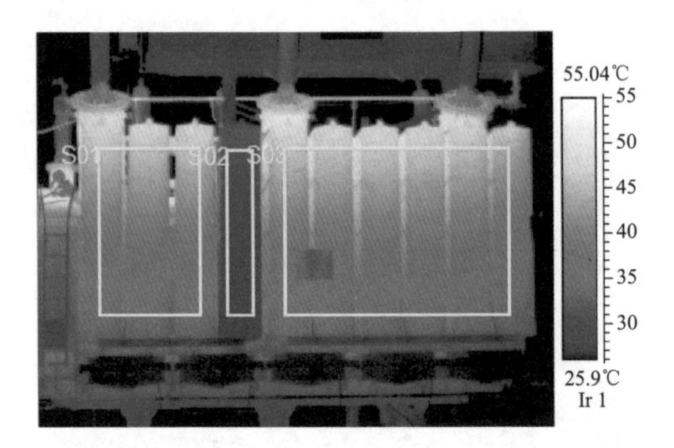

图 2-14　220kV 主变压器本体散热片温度分布不一致（油阀门没打开）

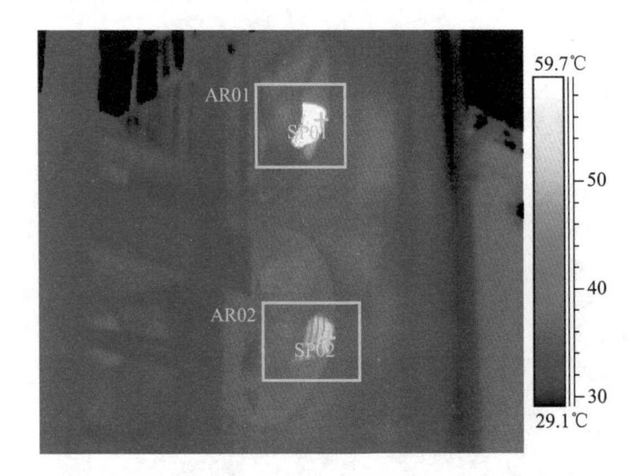

图 2-15　330kV 主变压器散热器风扇轴心温差大于 15K（风扇内部缺陷）

图 2-16　330kV 主变压器散热器油泵同类比较
温差大于 10K（油泵内部出现匝间短路故障）

二、电流互感器

电流互感器是将系统大电流的一次侧信息传递到小电流二次侧，联络一次系统和二次系统的重要元件，电流互感器在系统中数量众多，其性能的好坏将直接影响供电的可靠性。电流互感器按照绝缘介质可分为充油电容型、SF_6气体绝缘互感器，35kV 及以下电压等级有固体绝缘互感器。充油电容型电流互感器数量较多，一般由一次导电回路、电容屏、绝缘油、二次绕组、外瓷等组成，通过红外检测手段不仅能有效发现一次接点发热等电流致热型缺陷，还能检测到介损超标等电压致热型缺陷。

电流互感器常见红外检测发热缺陷如图 2-17～图 2-22 所示。

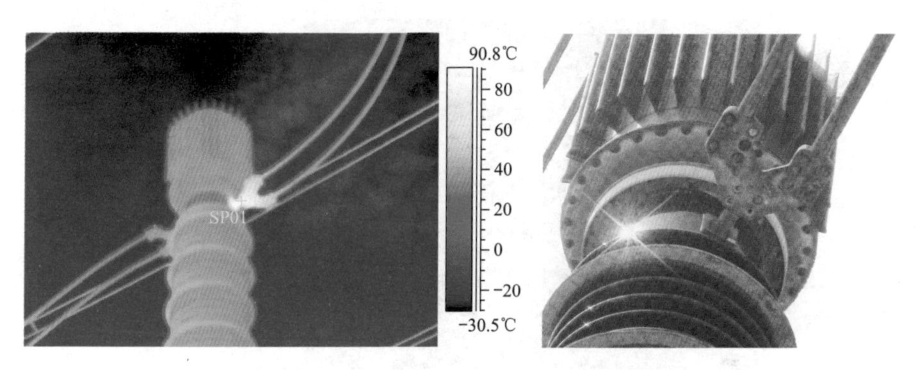

图 2-17　220kV 电流互感器接点温度异常（紧固螺钉共 4 个，断了 3 个）

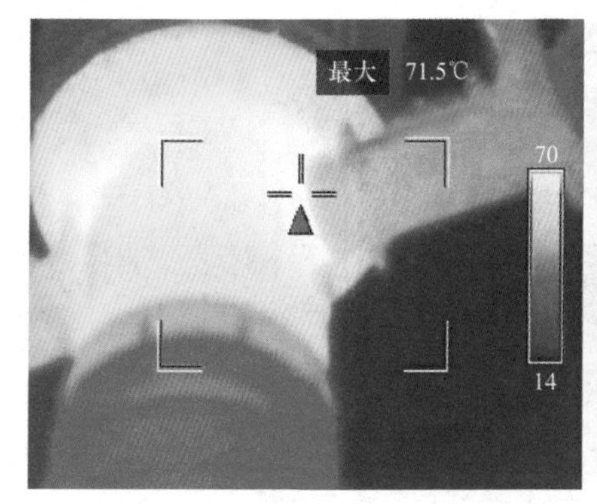

图 2-18　35kV 电流互感器内连接处发热（内部接触不良，后打开储油柜发现内部连接件发热变色，有油泥析出）

图 2-19　220kV 电流互感器本体相间同位置最大温差 3. 1K（电容层间局部放电）

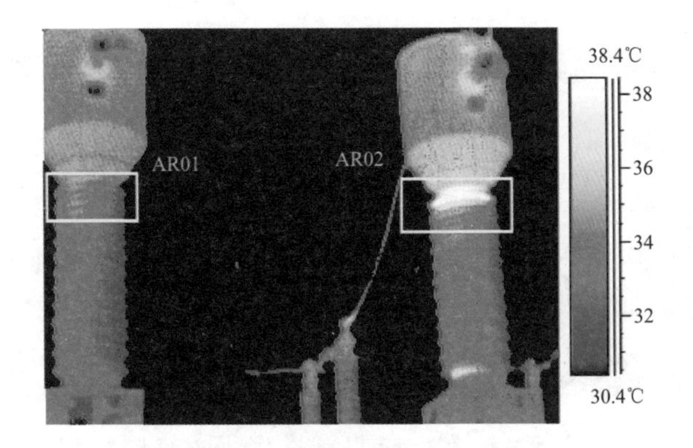

图 2-20　110kV 电流互感器外绝缘相间温差大于 10K（外绝缘胶黏不良）

图 2-21　110kV 电流互感器套管油面有明显的
水平分界线（互感器缺油，左边为正常相）

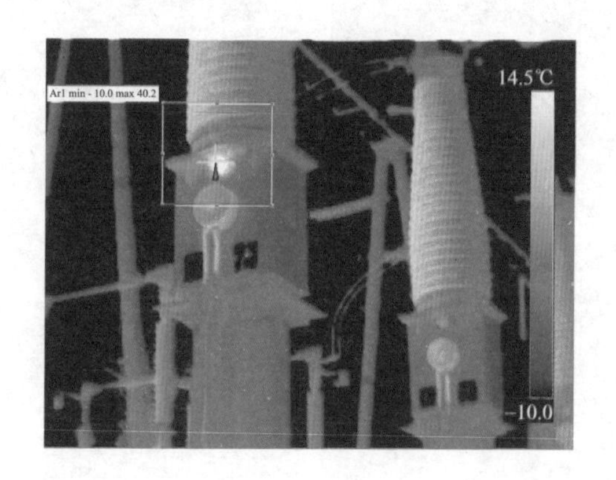

图 2-22　110kV 末屏接地线相间温差大于 8K（末屏接地线脱落）

三、电压互感器

电压互感器是将电网高电压的信息传递到低电压二次侧，是一次系统和二次系统的联络元件。电压互感器按照结构可以分为电磁式电压互感器和电容式电压互感器两大类，其中电容式电压互感器广泛用于 110kV 及以上中性点直接接地的电网中，主要由分压电容单元和电磁单元组成，通过红外能够有效发现各类电压致热型缺陷。

电压互感器常见红外检测发热缺陷如图 2-23~图 2-26 所示。

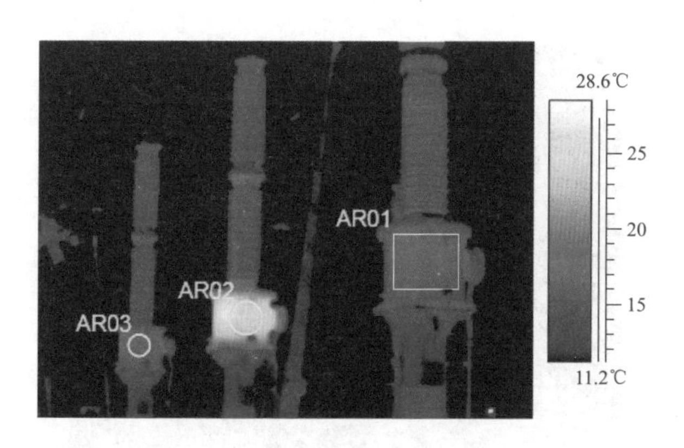

图 2-23　220kV 电压互感器油箱三相温度分布不一致（内部元件损坏）

图 2-24　220kV 电压互感器电容单元温升大于 4K（介损超标）

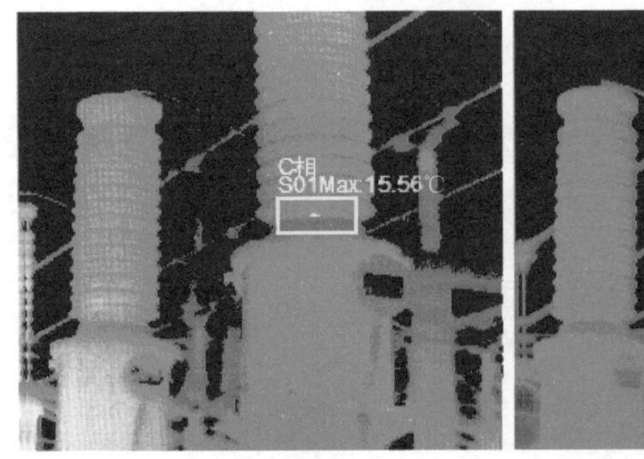

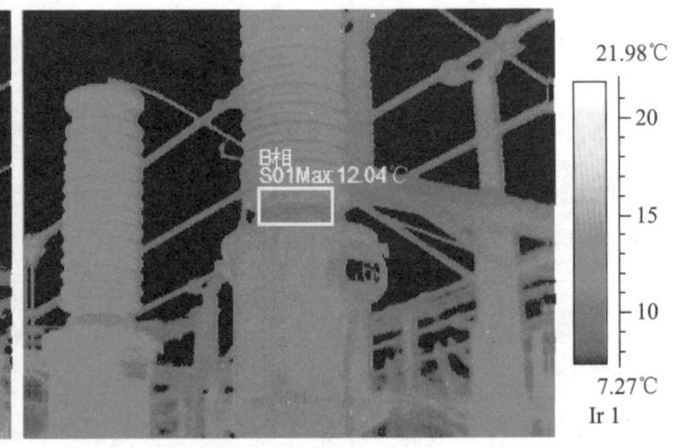

图 2-25　110kV 电压互感器瓷套连接部局部发热，相间温差大于 3K（局部密封不实、受潮）

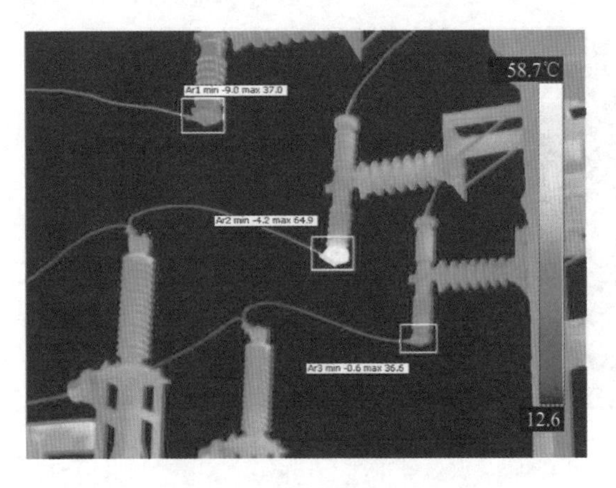

图 2-26　35kV 电压互感器高压保险温度高（接触不良）

四、耦合电容器

耦合电容器主要用于工频高压输电线路中，使强电与弱电隔离，与滤波器一起实现载波、通信等目的。耦合电容器结构较为简单，内部由串并联的电容元件组成，运用红外热成像检测技术能有效发现各类电压致热型缺陷。

耦合电容器常见红外检测发热缺陷如图 2-27 和图 2-28 所示。

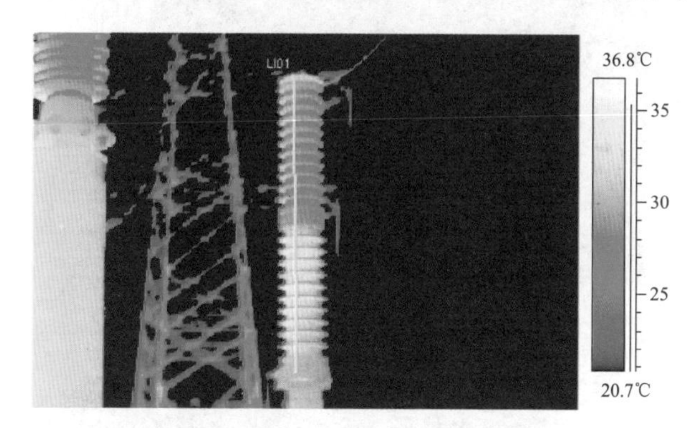

图 2-27 220kV 耦合电容器相间温差大于 2K（介损偏大）

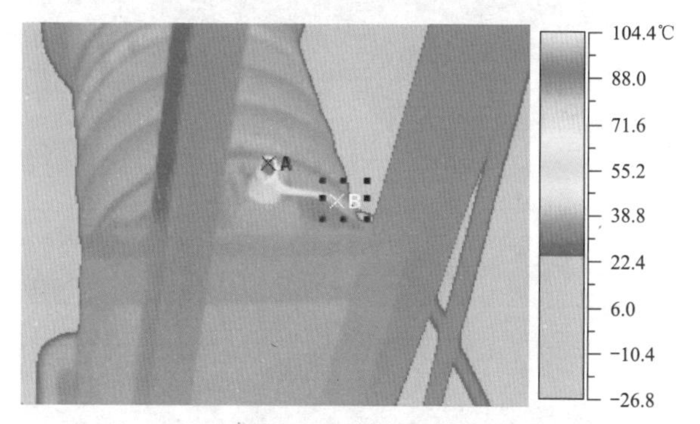

图 2-28 110kV 耦合电容器末屏套管表面温度大于 100℃（接触不良）

五、断路器

断路器是电力系统中最重要的设备之一，它用于开断正常运行条件下的电流和系统故障条件下的短路电流，断路器性能的好坏直接影响电力系统运行的可靠性和安全性。断路器按照灭弧介质可分为 SF_6 断路器、油断路器、真空断路器等，SF_6 断路器一般由本体、均压电容器、操作机构、控制回路等部件组成。红外检测高压断路器发现的缺陷通常为电流致热型缺陷。

❶ 本体

瓷柱式断路器本体由灭弧室、支柱绝缘子及提升、传动机构组成，红外检测通常能检测到灭弧室导电部分发热缺陷。常见发热缺陷如图 2-29~图 2-33 所示。

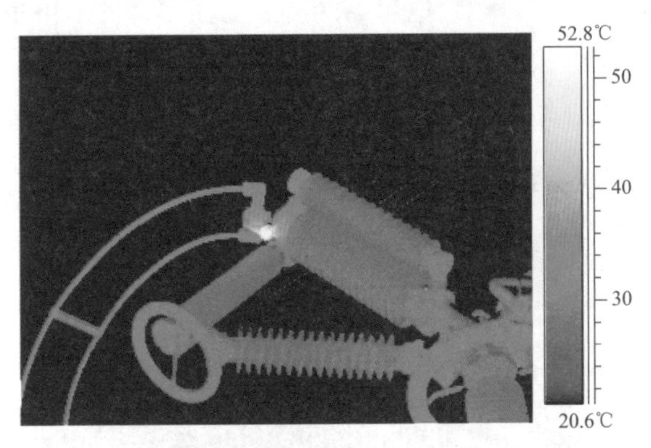

图 2-29　500kV 断路器接头表面发热异常（接触不良）

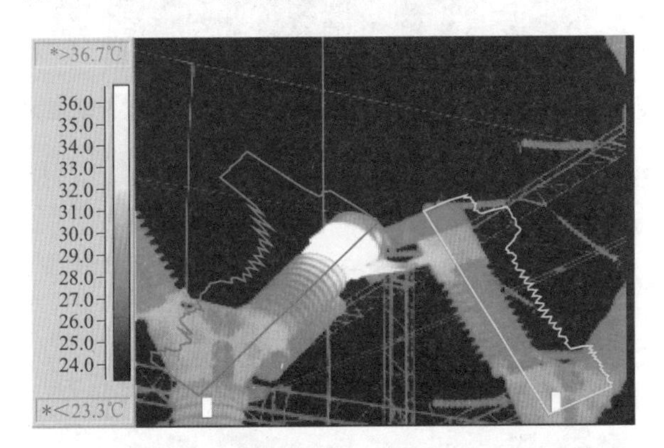

图 2-30　220kV 断路器顶帽温度异常（动静触头接触不良）

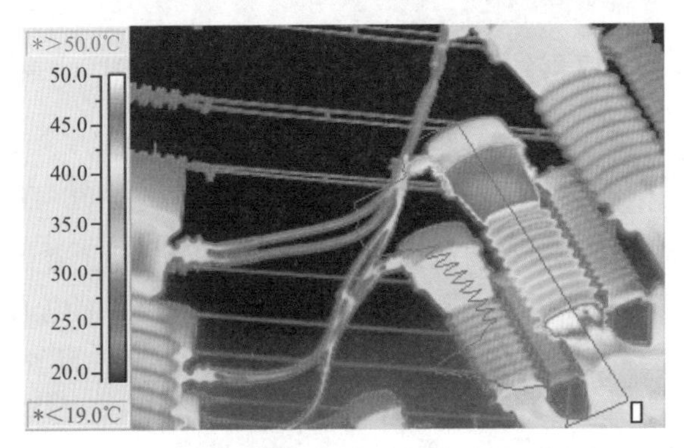

图 2-31　220kV 断路器下法兰发热（中间触头接触不良）

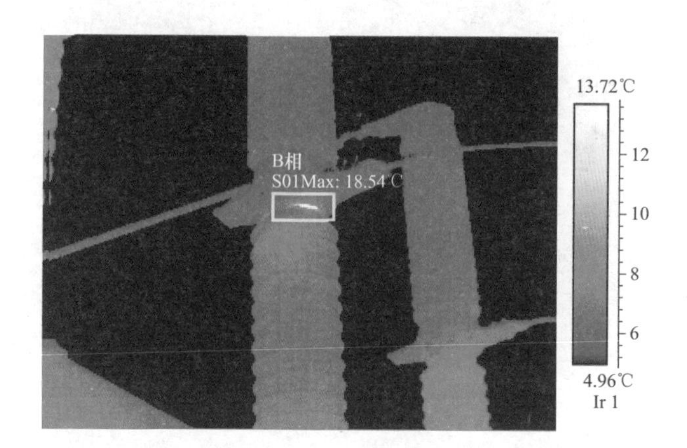

图 2-32　110kV 断路器法兰与瓷套连接处相间温差大于 11K（裂纹或密封受潮）

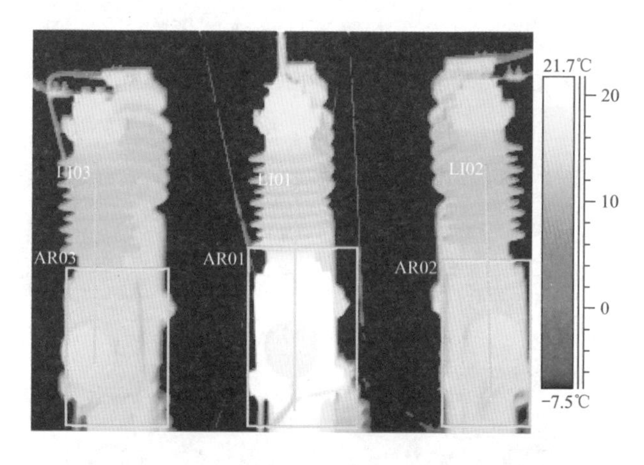

图 2-33　35kV 断路器下部热像异常（内部故障）

② 均压电容器

断路器均压电容器与耦合电容器结构类似，内部由电容元件串并联组成，均压电容器只有在断路器分闸，隔离开关合闸的运行状态下才承受系统电压，能检测到发热缺陷的机会较少。均压电容器本体发热，主要因为均压电容器介损超标，如图 2-34 所示。

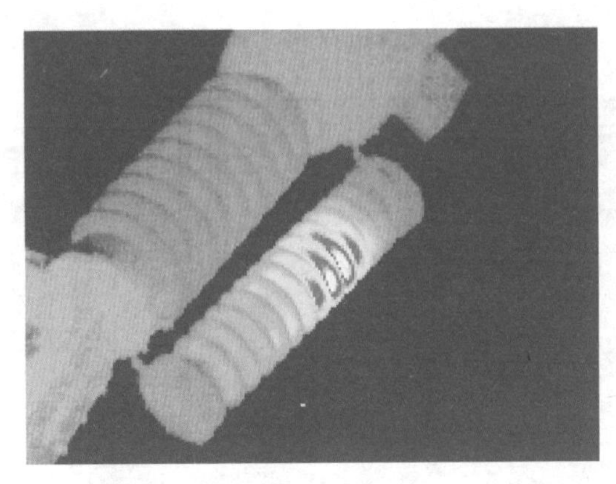

图 2-34　110kV 断路器并联电容表面温升大于 2K（介损偏大）

六、GIS 设备

GIS 设备即气体绝缘封闭组合电器，是将变压器以外的高压电气设备元件，全部按照主接线顺序布置在金属罐体内，以 SF_6气体作为绝缘介质，具有结构紧凑、供电可靠性高、免维护的特点，按照结构特点又可分为 GIS、HGIS。通过红外检测能发现 GIS 内部导电回路接点发热、金属附件发热等缺陷。

① 罐体

GIS 设备罐体由金属导电回路、盆式绝缘子、SF_6气体、金属外壳组成，通过红外检测的手段也能发现 GIS 设备导电回路发热这一类电流致热型缺陷。常见发热缺陷如图 2-35～图 2-37 所示。

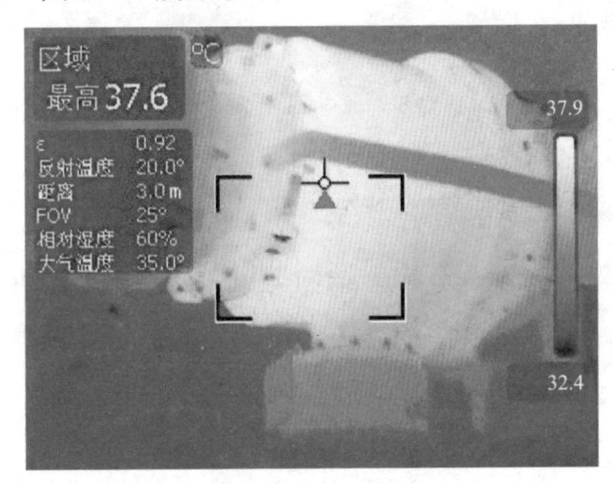

图 2-35　110kV TA 气室相间温差大于 2K，A 相气室 37.5℃，正常相 34.5℃（内部触指发热）

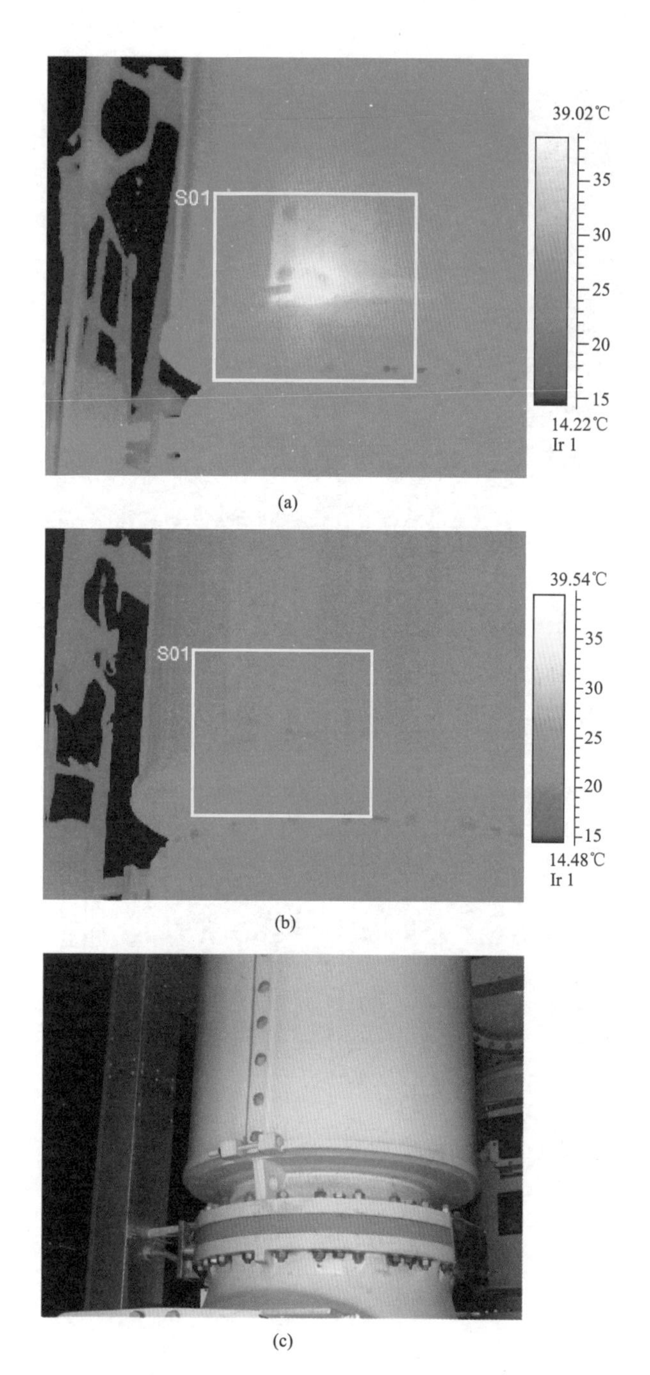

(a)

(b)

(c)

图 2-36　500kV GIS 电流互感器外壳发热（外壳未充分接地）

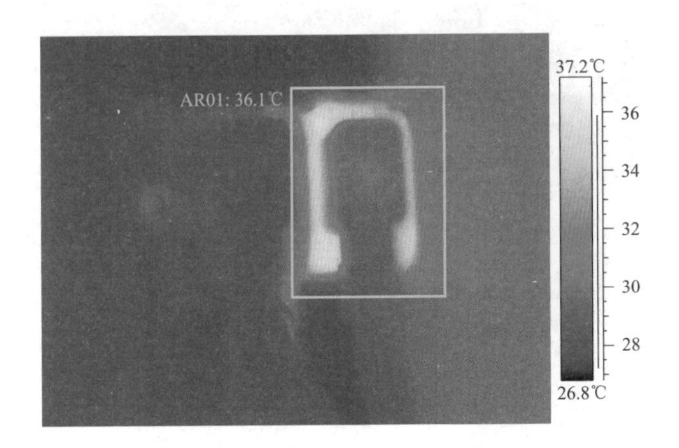

图 2-37　110kV 压力表信号接点盒同类相比温差大于 7K（插头受潮）

② 套管

GIS 设备出线套管由导电部分、外瓷套组成，中间充满 SF_6 气体作为绝缘介质。常见红外检测发热缺陷如图 2-38 和图 2-39 所示。

图 2-38　500kV 罐式断路器套管接头发热（接触不良）

七、隔离开关

隔离开关是高压开关中使用最多的一种电气设备，它的作用是将需要检修的

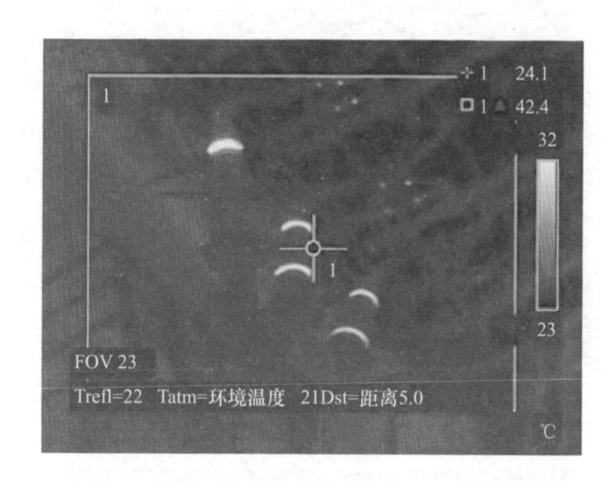

图 2-39 110kV GIS 套管局部温差 3K 以上（表面污秽局部放电）

电气设备与带电的电网隔离或转换系统设备运行方式。隔离开关主要由导电回路、支柱绝缘和操作机构组成。该类设备需要经常操作，导电接点又都直接暴露在大气中，发生过热性故障概率较高，经红外检测发现电流致热型缺陷较多。

① 导电回路

导电回路通过支柱绝缘子固定在底座上，主要包括由操作绝缘子带动的动触头和导电杆、固定在底座上的静触头、用来连接母线或设备的接线端。隔离开关导电回路接点较多，常见红外检测发热缺陷如图 2-40～图 2-44 所示。

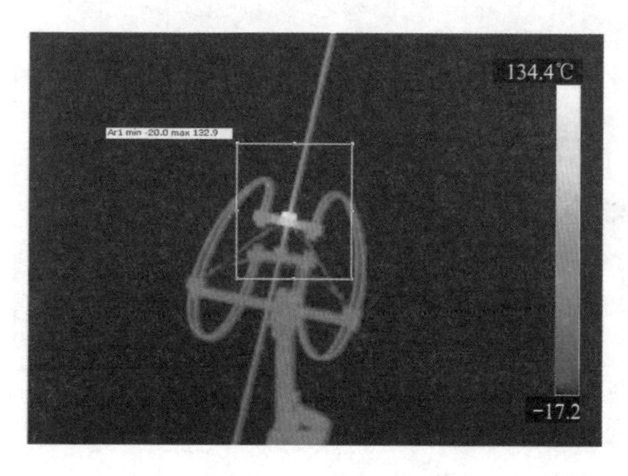

图 2-40 220kV 隔离开关静触头软环接点绝对温度大于 130℃（接触不良）

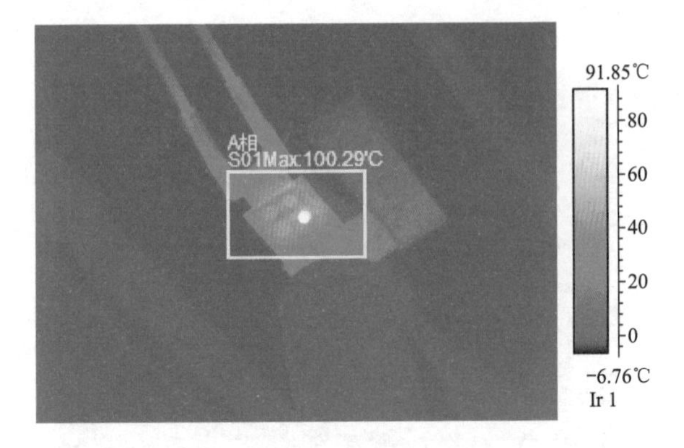

图 2-41　110kV 隔离开关接线板相间温差大于 15K（接线螺栓氧化松动）

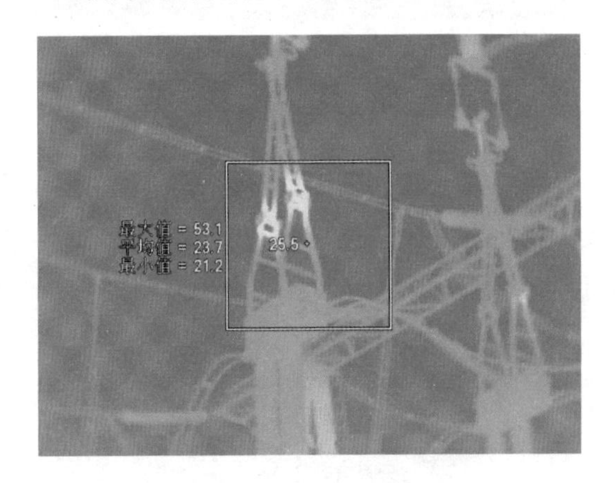

图 2-42　220kV 隔离开关拐臂最高温度 53. 1℃，
相对温差 80%（拐臂接触不良）

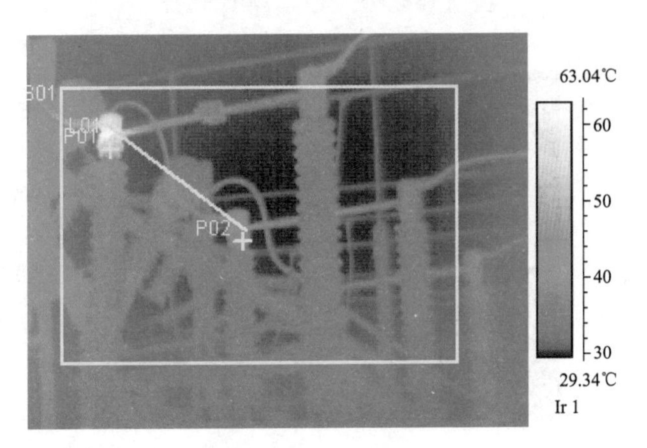

图 2-43　110kV 隔离开关转动帽子处相对温差达到 52. 63%（接触不良）

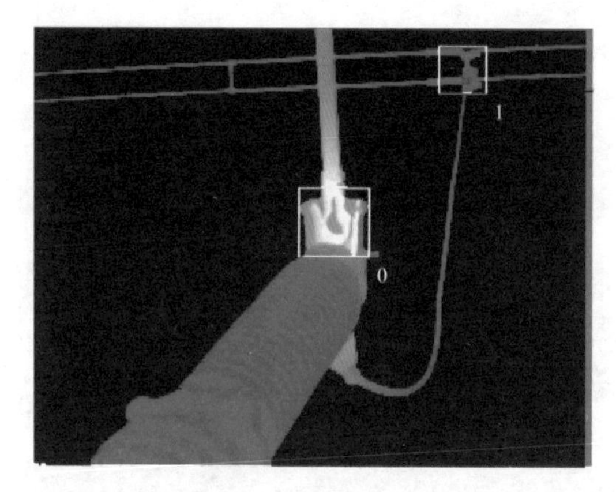

图 2-44　220kV 隔离开关刀口发热（接触不良）

❷ 支柱绝缘子

隔离开关支柱绝缘子分为支柱绝缘子和操作绝缘子，起支撑和传动的作用，隔离开关支柱绝缘子常见红外检测发热缺陷如图 2-45 和图 2-46 所示。

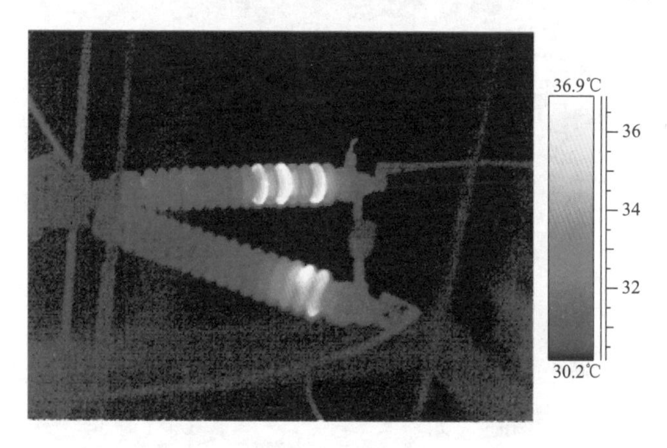

图 2-45　110kV 隔离开关支柱表面温度分布不均（表面污秽）

八、避雷器

避雷器的作用是限制电力系统中操作过电压与雷击过电压，该类设备数量较多，现在电网中大部分使用的是金属氧化物避雷器，由于工艺质量原因，避雷器在运行中出线较多的进水受潮而导致的设备故障，通过红外检测能早期发现此类设备隐患。

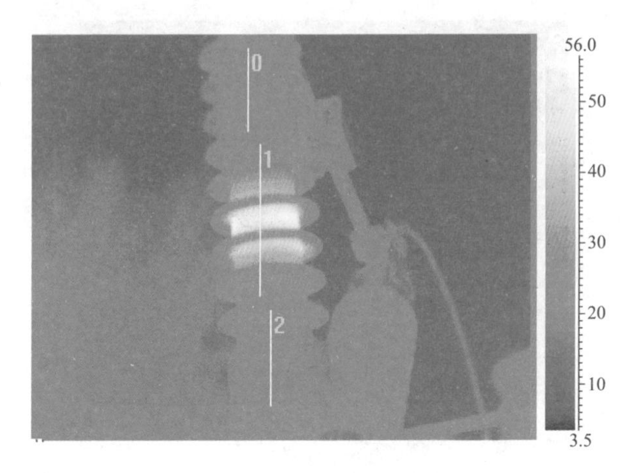

图 2-46　66kV 隔离开关支柱绝缘子最大温差 27.4K（支柱绝缘子裂纹）

金属氧化物避雷器常见红外检测发热缺陷如图 2-47 所示。

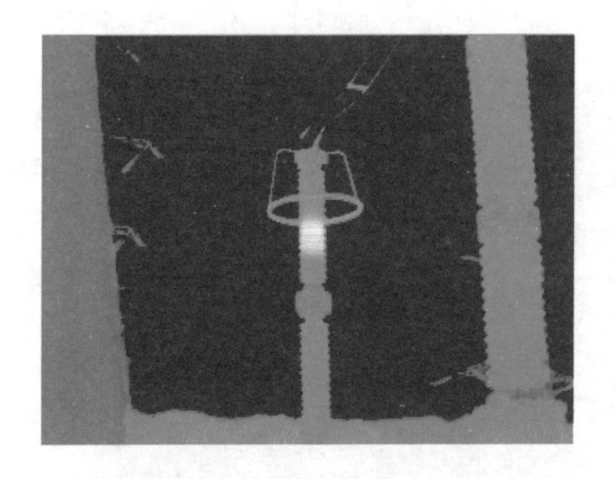

图 2-47　330kV 避雷器本体相间温差大于 10K（内部缺陷）

九、阻波器

阻波器是载波通信及高频保护不可缺少的高频通信元件，它阻止高频电流向其他分支分流，起减少高频能量损耗的作用。阻波器通常由电感线圈、调谐元件及避雷器等组成，采用支柱绝缘子或悬式绝缘子支撑，通过红外检测能发现阻波器线圈和各类元件的发热缺陷。

阻波器常见红外检测发热缺陷如图 2-48～图 2-51 所示。

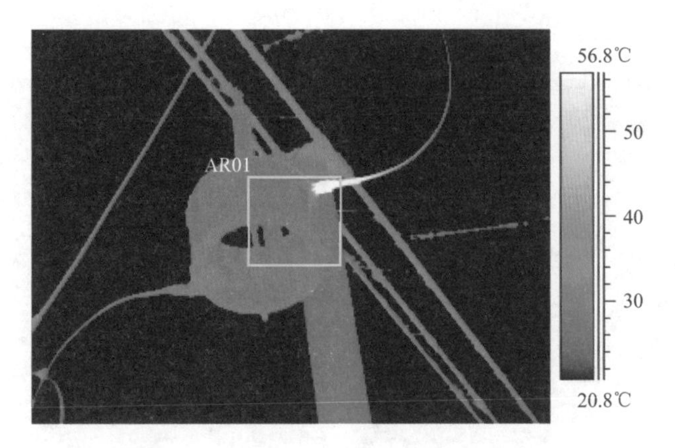

图 2-48　330kV 阻波器上接线板发热（接触不良）

图 2-49　220kV 阻波器整体温升大于 90℃（阻波器过负荷）

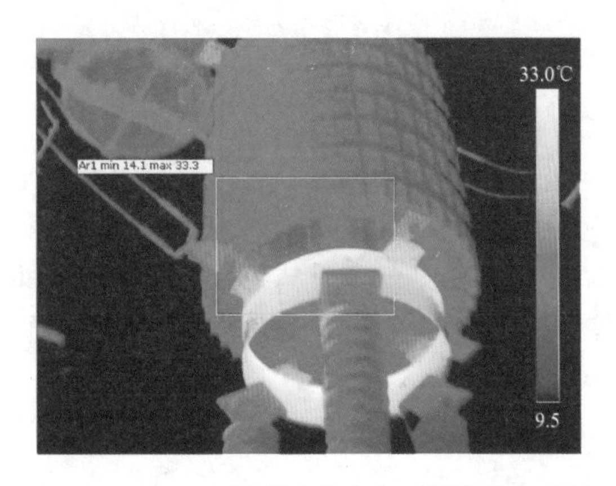

图 2-50　220kV 阻波器底部发热（漏磁导致环流）

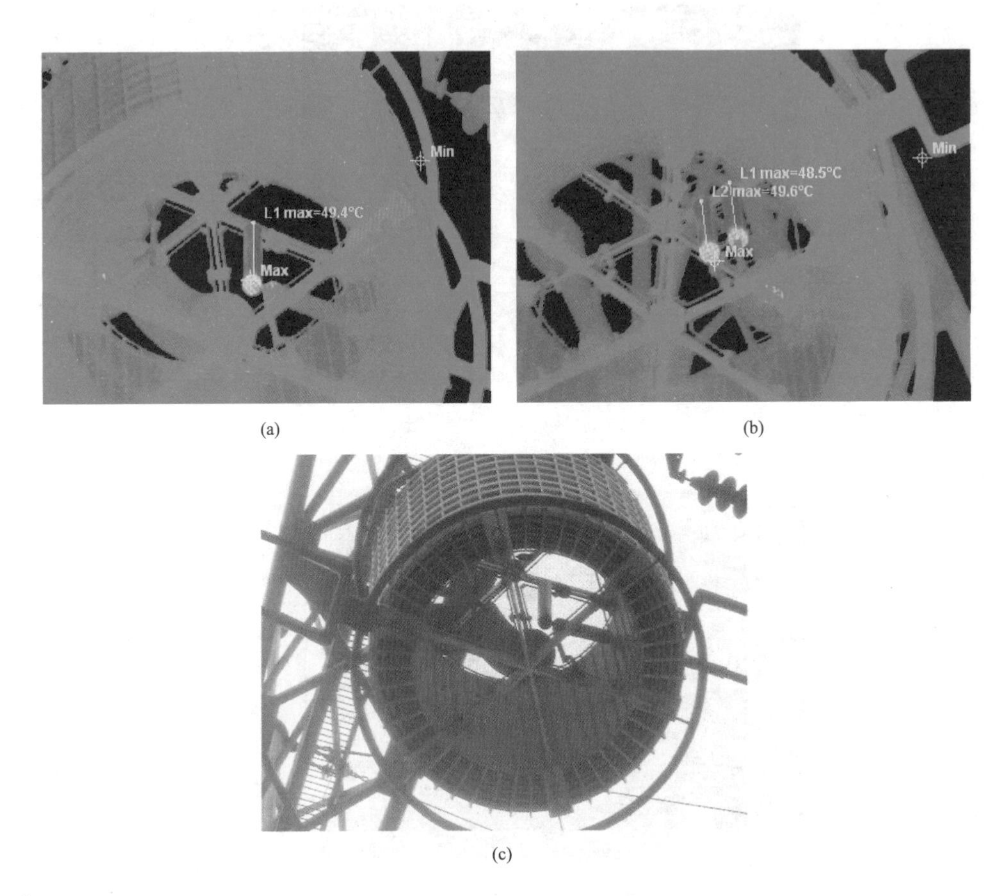

(a)

(b)

(c)

图 2-51　500kV 阻波器调谐元件温度异常（调谐元件腕头处断裂，(b) 图为正常相）
(a) 腕头处断裂；(b) 正常相；(c) 可见光图

十、绝缘子

绝缘子是用来支持导线的绝缘体。绝缘子种类很多，主要有悬式绝缘子（输电线路和变电站构架上常用绝缘子）、针式绝缘子（6~10kV 配电线路常用绝缘子）、棒形绝缘子等，材料有分瓷质、玻璃和合成材料的。通过红外检测能发现绝缘子各类电压致热型缺陷。

绝缘子常见红外检测发热缺陷如图 2-52~图 2-54 所示。

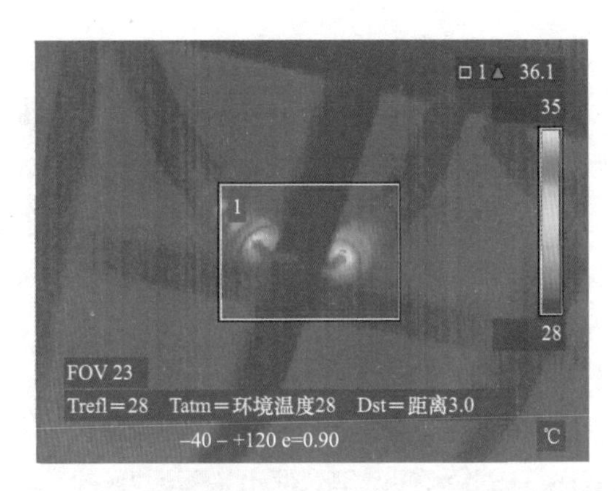

图 2-52　220kV 母线悬式绝缘子局部有明显发热（表面污秽）

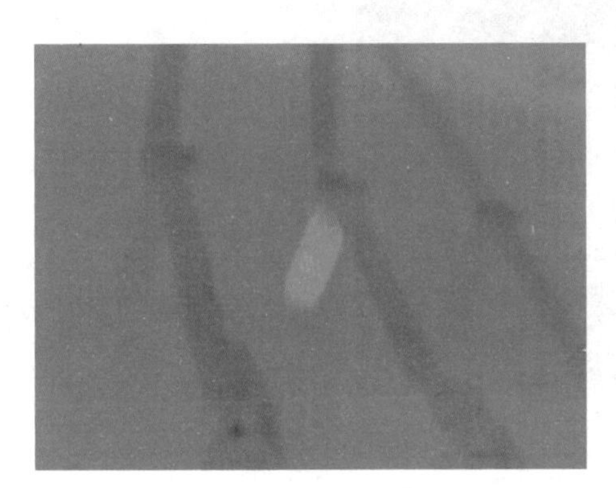

图 2-53　35kV 支柱绝缘子本体相间温差 2K（低值绝缘子）

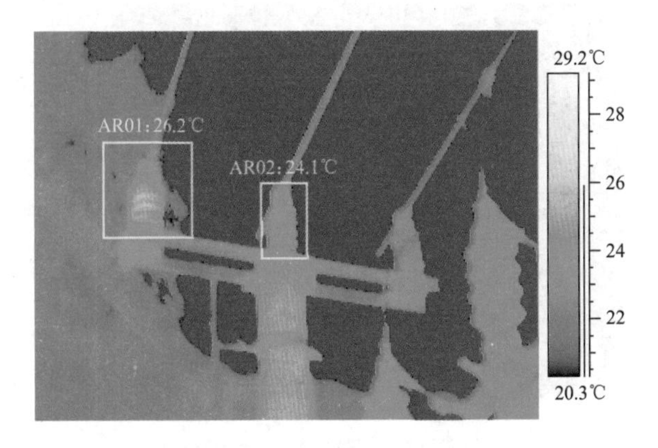

图 2-54　35kV 站用变压器引线支柱绝缘子相间温差 2K（绝缘子存在裂纹）

十一、电力电缆

电线电缆的主要功能就是传输电能，一般由导体（或称导电线芯）、绝缘层、屏蔽层、填充层、内护层、铠装层组成，按绝缘类型及结构可分为油浸纸绝缘电力电缆、塑料绝缘电力电缆和橡皮绝缘电力电缆等。通过红外检测不仅能发现各类接点发热等电流致热型缺陷，还可以检测电缆受潮等电压致热型缺陷。

电力电缆常见红外检测发热缺陷如图 2-55~图 2-63 所示。

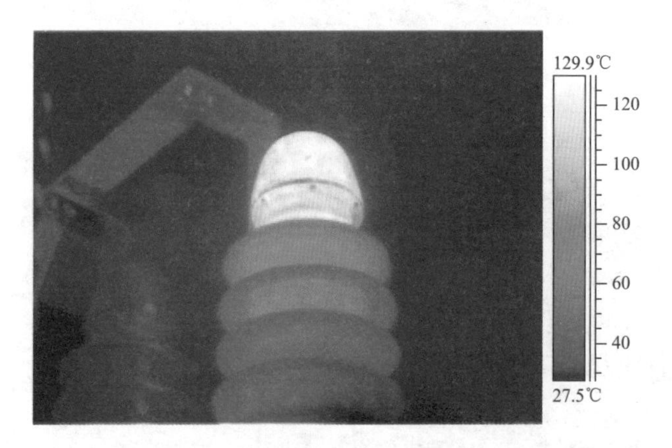

图 2-55　35kV 电缆终端相间温差大于 10K（内连接接触不良）

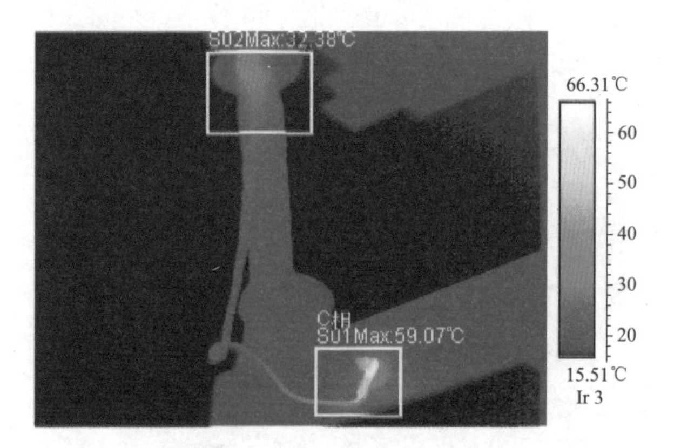

图 2-56　35kV 电缆终端护层接地相间温差大于 5K（接地不良）

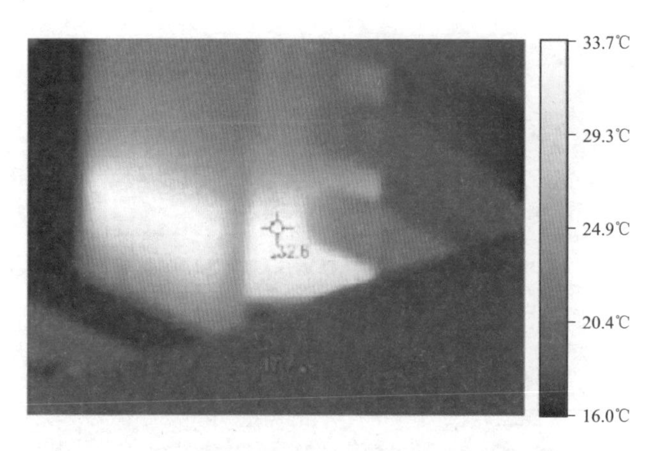

图 2-57　220kV 电缆中间接头温度为 33.8℃（接地箱进水）

图 2-58　110kV 电缆终端尾管温升超过 25K（内部有局部放电）

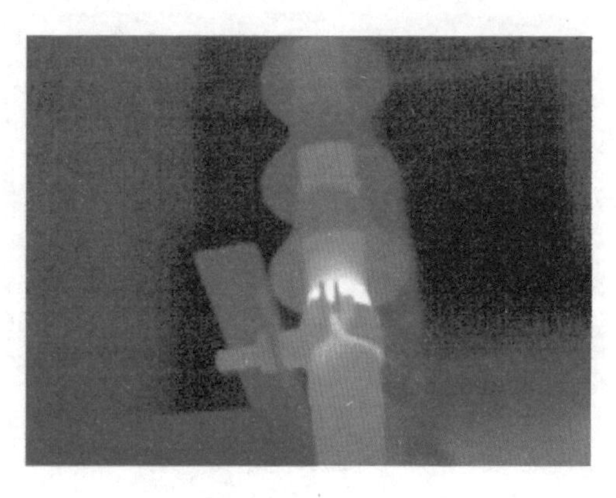

图 2-59　35kV 交联电缆终端温升超过 25K（场强不均匀）

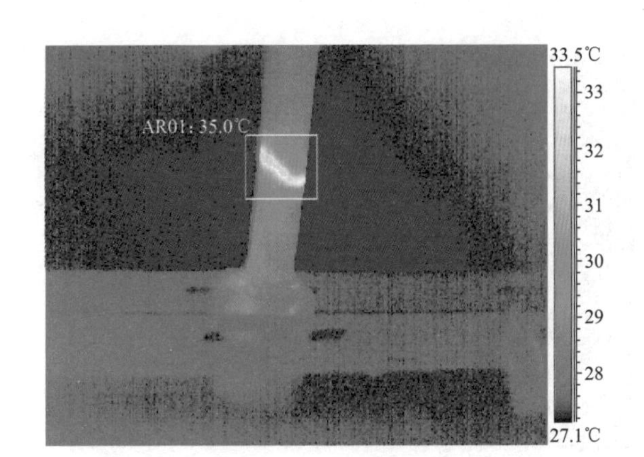

图 2-60　35kV 电缆终端相间温差大于 0.5K（护套受损）

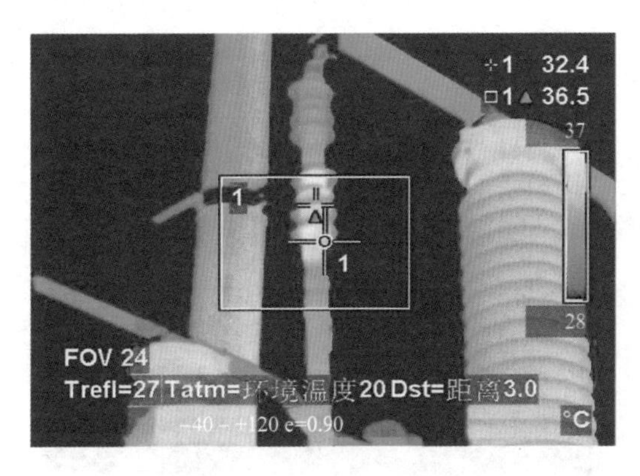

图 2-61　35kV 电缆终端温升超过 25K（包接不良）

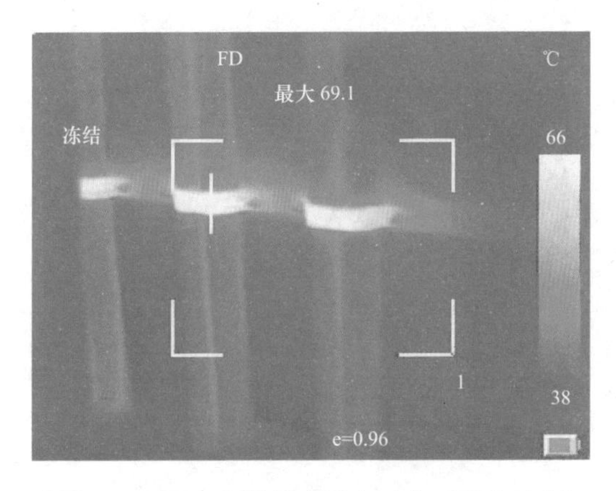

图 2-62　35kV 电缆线夹温度过高（涡流过大）

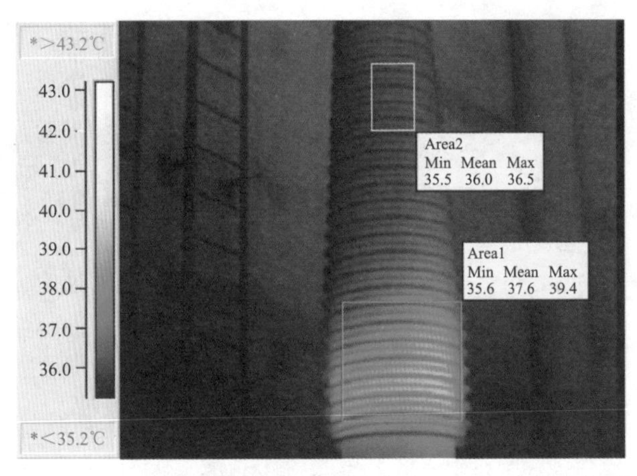

图 2-63　220kV 电缆终端相间温差大于 0.5K（硅油有杂质）

十二、并联电容器

并联电容器主要用于补偿电力系统感性负荷的无功功率，以提高功率因数，改善电压质量，降低线路损耗。单相并联电容器主要由电容芯子、外壳和出线结构等几部分组成。用金属箔（作为极板）与绝缘纸或塑料薄膜叠起来一起卷绕，由若干元件、绝缘件和紧固件经过压装而构成电容芯子，并浸渍绝缘油。电容极板的引线经串、并联后引至出线瓷套管下端的出线连接片。电容器的金属外壳内充以绝缘介质油。按结构可分为集合式电容器和分散式电容器。通过红外检测能发现电容器本体绝缘缺陷和接点发热缺陷。

并联电容器常见红外检测发热缺陷如图 2-64～图 2-68 所示。

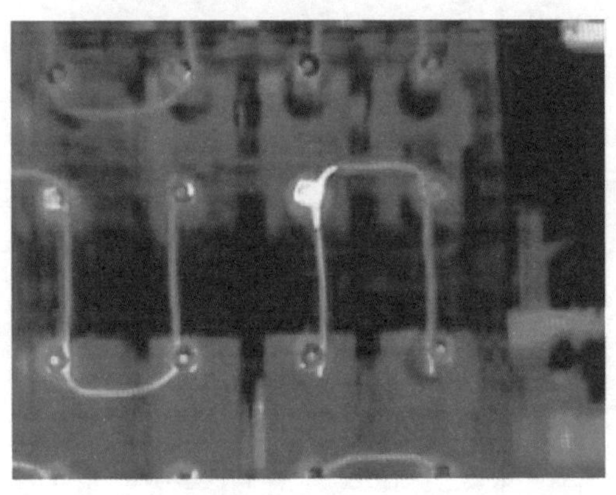

图 2-64　35kV 电容器热点温度大于 80℃（接触不良）

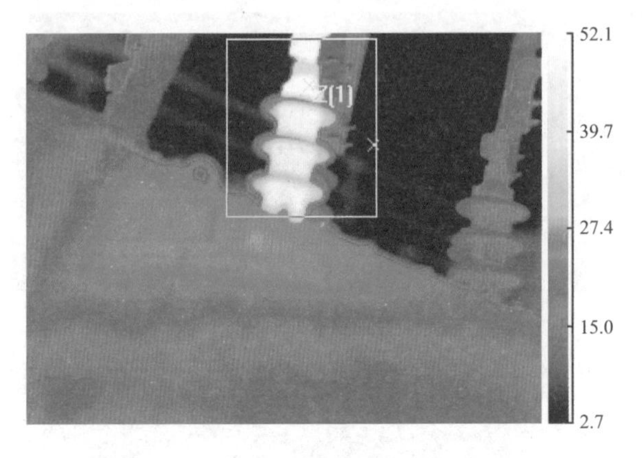

图 2-65　35kV 电容器套管相间温差达 33K（内连接接触不良）

图 2-66　35kV 电容器熔断丝发热（熔断器整体受潮）

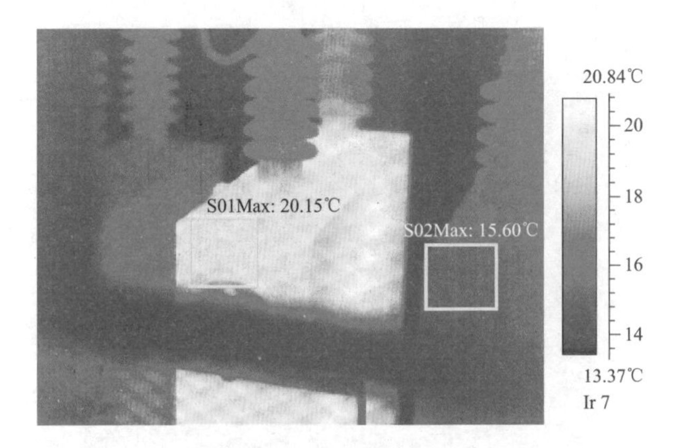

图 2-67　35kV 电容器整体发热，相间温差大于 2K（介损偏大）

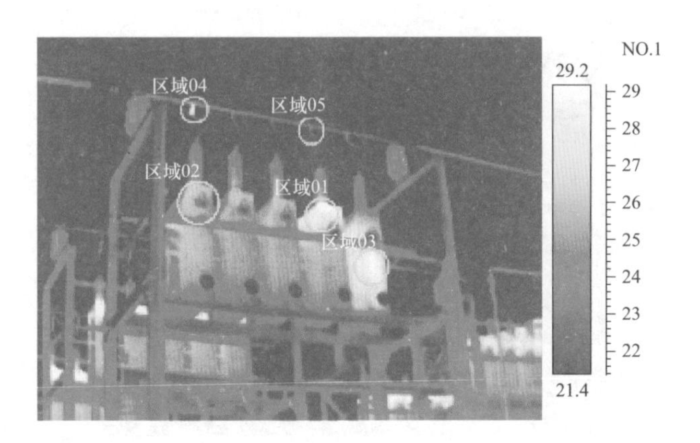

图 2-68　66kV 电容器本体局部过热最大温差 3.3K（电容极板发热）

十三、电抗器

电抗器作为无功补偿手段，在电力系统中是不可缺少的。按接法可分为并联电抗器和串联电抗器，并联电抗器是并联连接在系统上的电抗器，主要用以补偿电容电流，串联电抗器与电容器组串联连接在一起，用以限制开关操作时的涌流及消除高次谐波电流。按结构可分为油浸式电抗器和干式电抗器。通过红外检测较容易发现接点发热缺陷，对干式电抗器，还可以发现匝间短路等综合致热型缺陷。

并联电抗器常见红外检测发热缺陷如图 2-69～图 2-72 所示。

图 2-69　66kV 油浸式电抗器设备线夹相间温差 59.5K（接触不良）

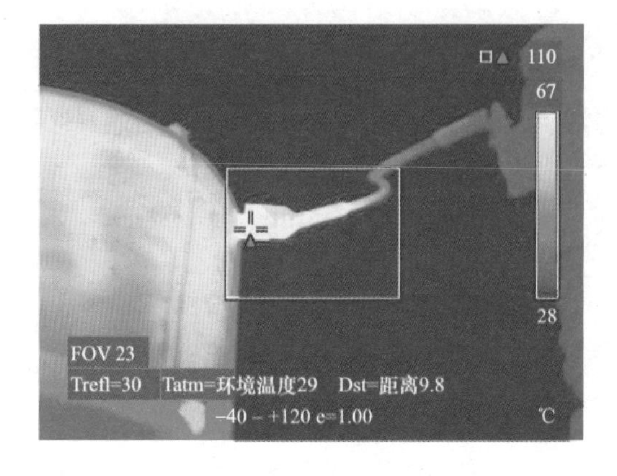

图 2-70　35kV 干式串联电抗器热点温度大于 80℃（接触不良）

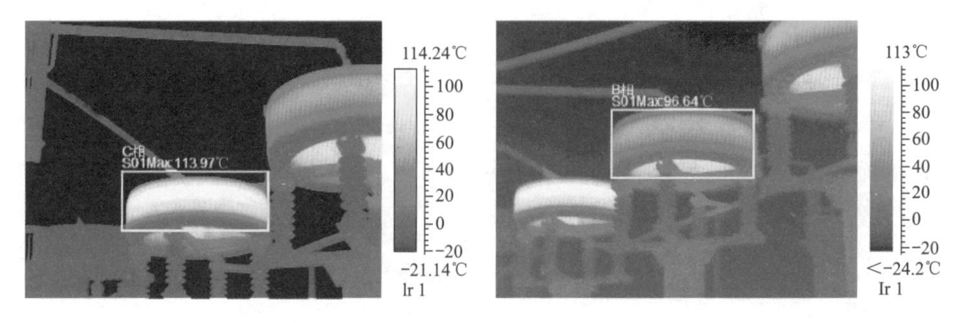

图 2-71　35kV 电抗器本体局部过热（匝间短路）

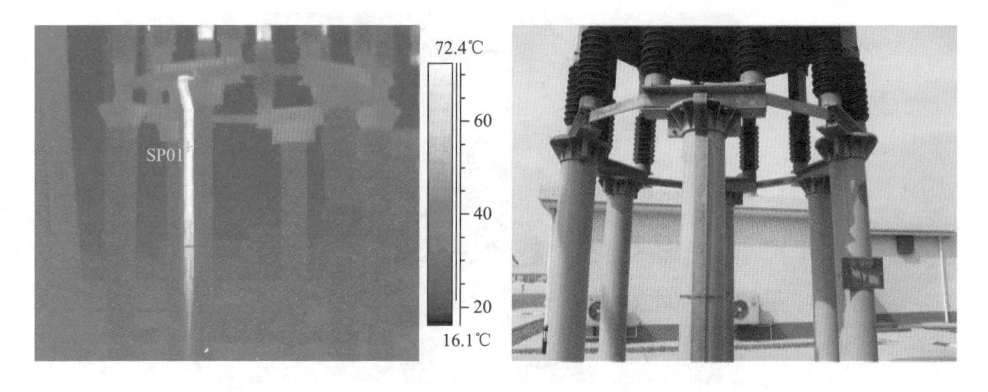

图 2-72　35kV 电抗器接地引下线发热（接地线材质问题）

十四、高压套管

高压套管主要用在高压载流导体需要穿过与其电位不同的金属箱壳或墙壁处，起到绝缘作用。按绝缘结构和主绝缘材料的不同，将高压套管分为纯瓷套管、充油套管、油纸电容式套管等。电容式套管由电容芯子、瓷套、连接套筒和固定附件组成，电容芯子是套管的主绝缘，瓷套是外绝缘和保护芯子的密闭容器。红外检测既可以发现接点发热等电流致热型缺陷，还可以发现穿墙套管涡流损耗等综合致热型缺陷及套管受潮等电压致热型缺陷。

高压套管常见红外检测发热缺陷如图 2-73～图 2-76 所示。

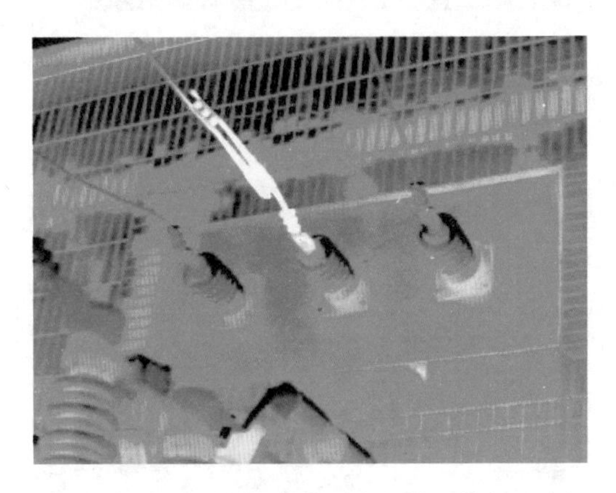

图 2-73　35kV 穿墙套管引线发热（接触不良）

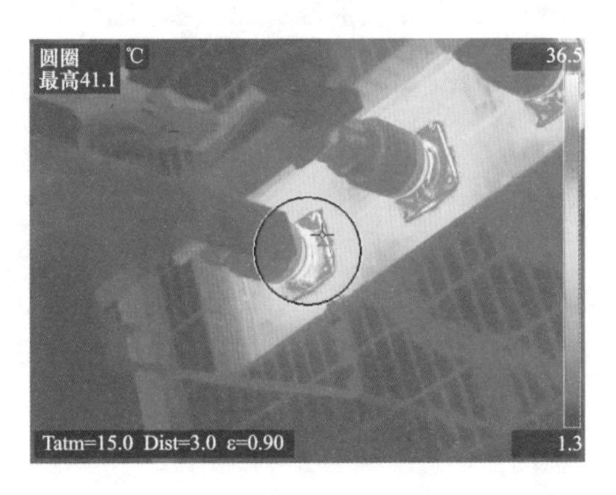

图 2-74　35kV 高压套管衬板发热（涡流损耗）

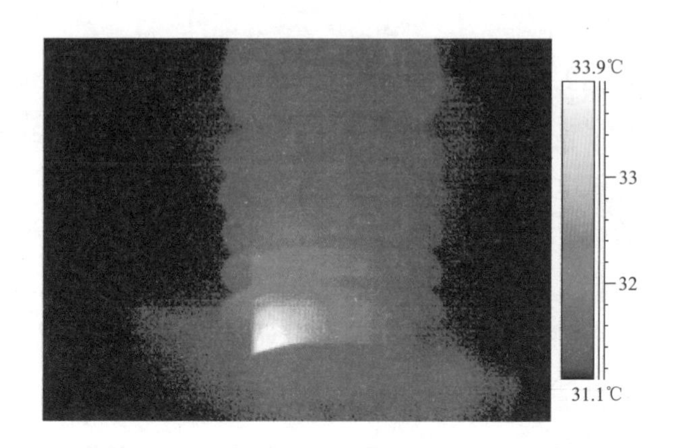

图 2-75　110kV 高压套管根部局部发热异常（局部放电）

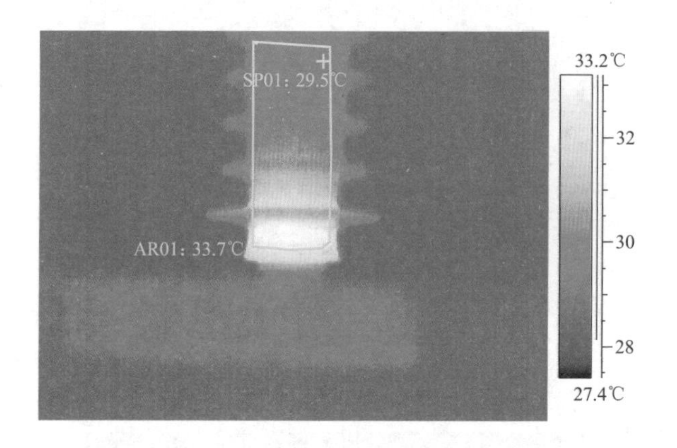

图 2-76　35kV 高压套管本体局部表面温升大于 2K（疑为受潮）

十五、导引线

变电站内导引线起着连接各类设备的作用，承载着高电压、大电流。导线由铝、钢、铜等材料制成，常用的导引线有铝绞线、钢芯铝绞线等。红外检测导引线发热缺陷多是电流致热型。

导引线常见红外检测发热缺陷如图 2-77 和图 2-78 所示。

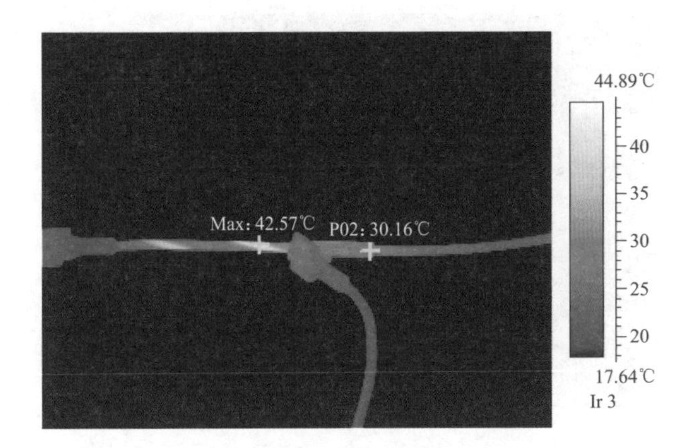

图 2-77　110kV 导线温差大于 10K（导线松股）

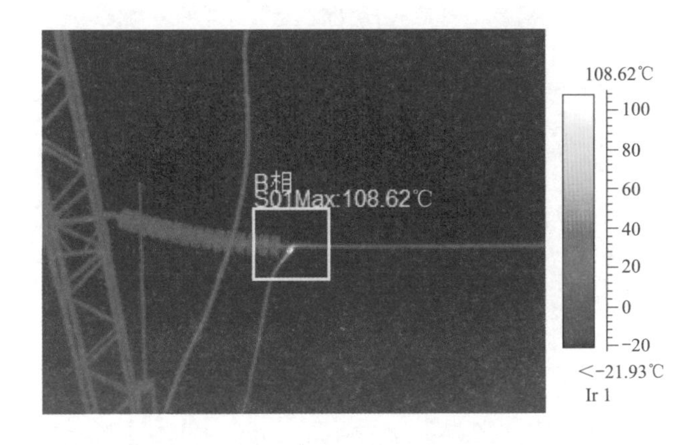

图 2-78　220kV 输电导线的连接器 T 形线夹发热（接触不良）

十六、防雷接地装置

变电站内防雷装置主要有避雷器、避雷针、避雷线等；接地装置由接地极、接地引下线、构架接地组成，用以实现电气系统与大地相连接的目的。电气设备的接地可分为工作接地、防雷接地、保护接地。红外检测接地装置发热缺陷多为综合致热型或电流致热型。

接地装置常见红外检测发热缺陷如图 2-79 和图 2-80 所示。

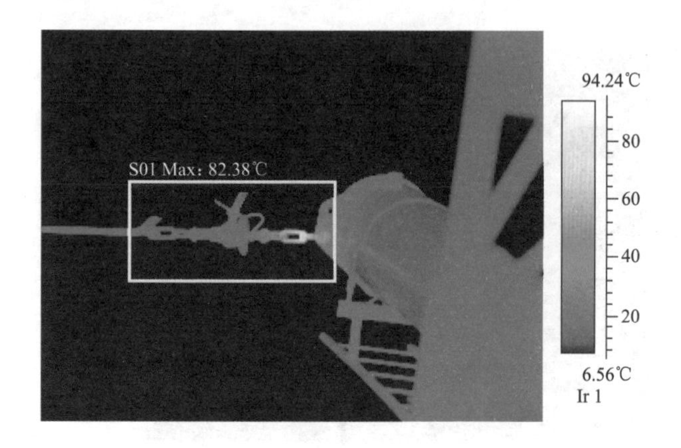

图 2-79　220kV 避雷线放电间隙金具发热（接触不良）

图 2-80　66kV 设备构架接地引下线温升超过 30K（接地电流大）

十七、二次设备

二次设备是对一次设备进行控制、调节、保护和监测的设备，它包括控制器具、继电保护和自动装置、测量仪表、信号器具等。二次设备按照一定的规则连接起来以实现某种技术要求的电气回路称为二次回路。二次回路的内容包括变电站一次设备的控制、调节，继电保护和自动装置，测量和信号回路以及操作电源系统。电力系统还包括为保证其安全可靠运行的继电保护和安全自动装置，调度自动化和通信等辅助系统。

二次设备及其回路常见红外检测发热缺陷如图 2-81～图 2-83 所示。

图 2-81　直流 220V 直流充电屏风扇热点温度大于 80℃（散热不良）

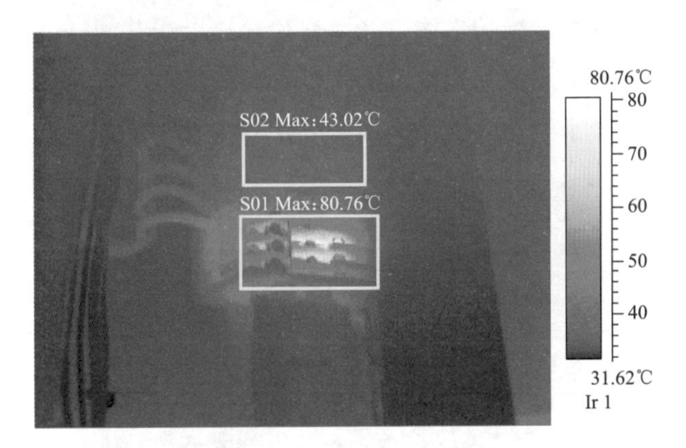

图 2-82　交流 220V 测控装置电流回路热点温度大于 80℃（接触不良）

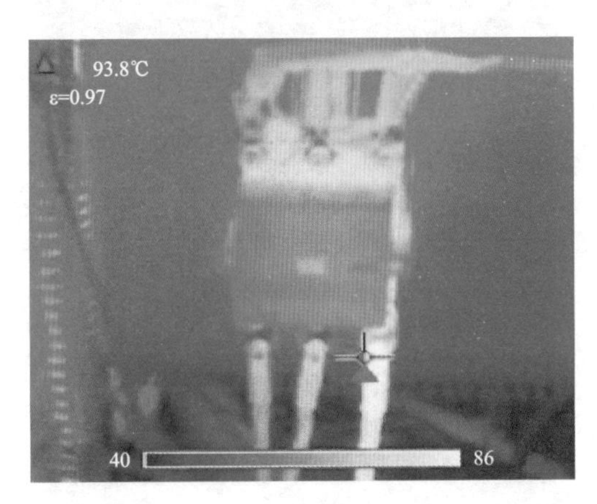

图 2-83　主变压器保护屏三相操作箱相间温差大于 10K（接触不良）

十八、输电线路

输电线路主要由基础、杆塔、导线、避雷线、绝缘子、金具及接地装置等部件组成。导线的作用是传送电能。为保持导线对面或其他建筑物的安全距离，必须将导线架设在支撑的杆塔上。杆塔和导线之间用绝缘子串连接，使导线与杆塔绝缘。杆塔要稳定耸立于地面之上，必须借助基础。为了避免直接雷击导线，在杆塔顶部设有架空地线（避雷线）以作保护，同时在杆塔处之地下设有接地装置，用接地引下线或杆塔本身将雷电流导入大地。通过红外热成像技术能发现输电线路绝缘子、导地线不同类型发热缺陷。

1 绝缘子

绝缘子是送电线路绝缘的主体，其用途是悬挂导线并使导线与杆塔、大地保持绝缘。绝缘子一般采用瓷和钢化玻璃，也有合成材料的。发热类型通常是电压致热型，线路绝缘子常见发热缺陷如图 2-84~图 2-88 所示。

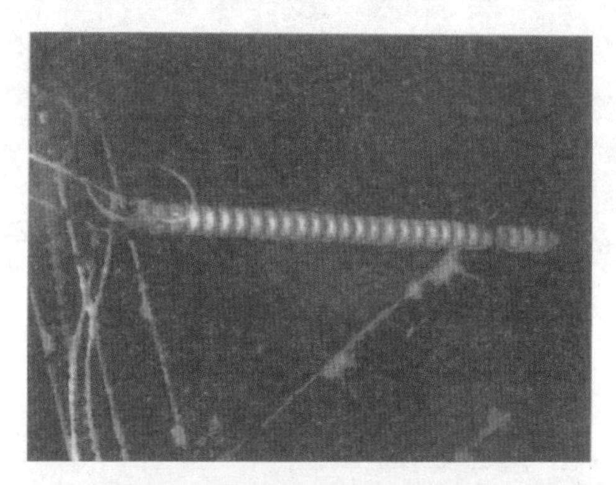

图 2-84　500kV 瓷质绝缘子温度分布异常（零值绝缘子）

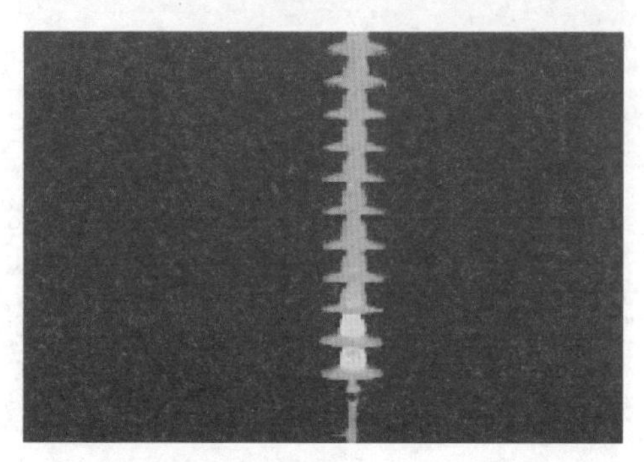

图 2-85　220kV 瓷质绝缘子表面温升大于 1K（低值绝缘子）

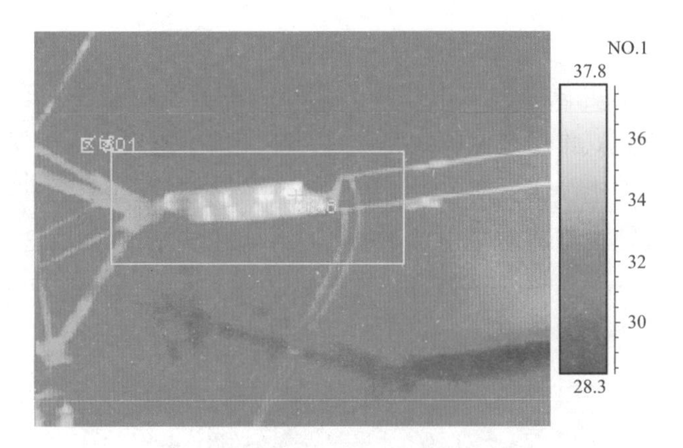

图 2-86　220kV 瓷质绝缘子表面温升大于 1K（表面污秽）

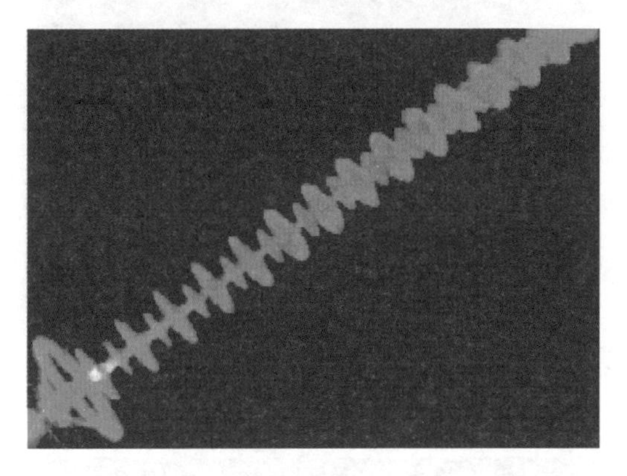

图 2-87　500kV 合成绝缘子表面温升大于 1K（端部棒芯受潮）

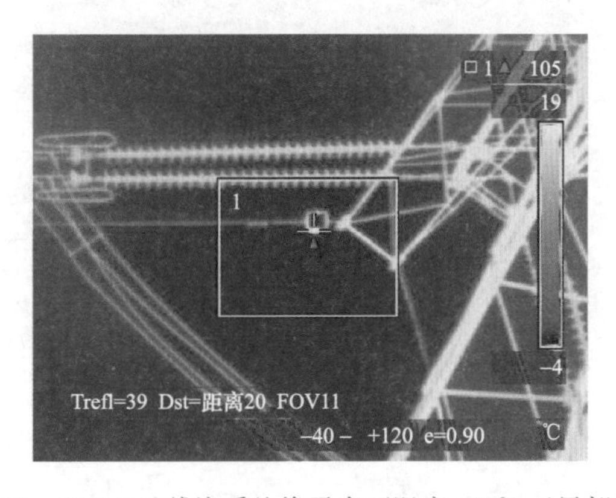

图 2-88　500kV 地线瓷质绝缘子表面温度 105℃（局部放电）

2 导、地线

导线是架空送电线路主要组成部分，其作用是传导电能，地线（避雷线）架设在杆塔顶部，其作用是保护线路导线，减少雷击机会，提高线路耐雷水平。导、地线常用的有铝绞线、钢芯铝绞线，还包括各类连接金具，如压接管、间隔棒、线夹等。发热类型通常是电流致热型，常见发热缺陷如图 2-89～图 2-92 所示。

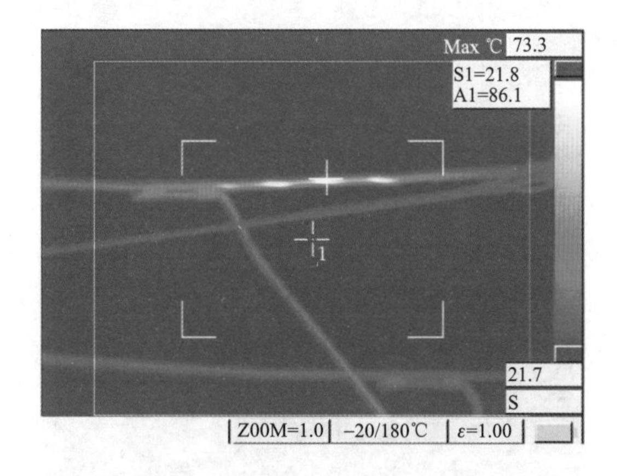

图 2-89　35kV 输电线路引流线相对温差大于 90%（导线松股）

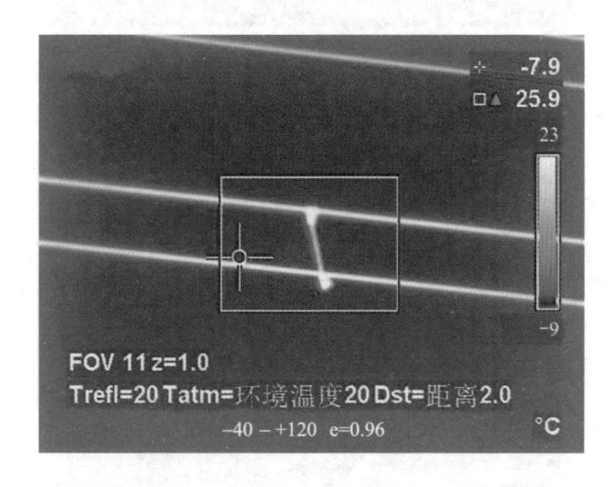

图 2-90　220kV 输电导线间隔棒相间温差大于 15K（接触不良）

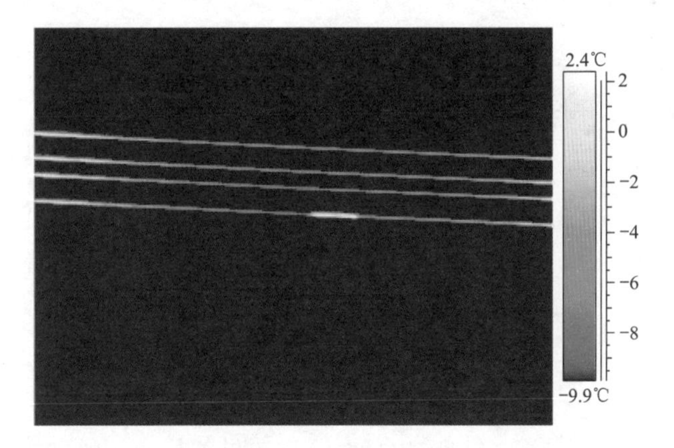

图 2-91 500kV 输电导线压接管（压接工艺不良）

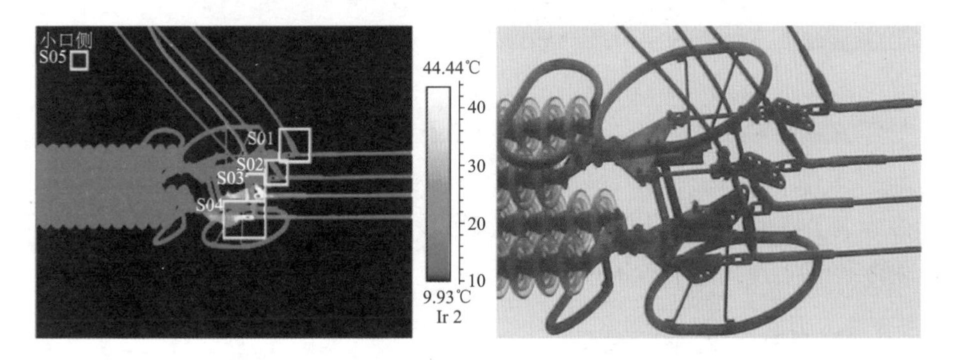

图 2-92 500kV 耐张线夹温升大于 30K（接触不良）

任务三　红外热像检测仪器及操作实践

教学目标 通过本任务的学习，使学员熟悉红外热像仪的主要参数、红外热像仪的使用方法和技巧。

任务描述 本任务为学习红外热像仪的主要参数，红外热像仪的使用方法和技巧。

任务准备 对红外热像仪有初步认识，了解红外热像仪的基本操作方法。

任务实施 系统学习红外热像仪的主要参数、使用方法和技巧，通过理论讲解、实际操作、互动等方法使学员掌握红外热像仪的使用和基本技巧。

相关知识 现代电子产品的基本知识等相关知识。

一、红外热像仪主要参数

1 温度分辨率

温度分辨率标志着红外成像设备整机的热成像灵敏度，是一项极为重要的参数指标，它可以用主观参数或客观参数表示。

温度分辨率主观参数为最小可分辨温差（MRTD）和最小可探测温差（MDTD）。它是通过观察人员对特定的目标进行主观判断，以临界显示为标准，来确定目标与背景的最小温差。温度分辨率的客观参数是噪声等效温差（NETD）。它是通过仪器的定量测量来计算出热电视的温度分辨率，当信号与噪声之比等于1时的目标与背景之间的温差。

2 空间分辨率

红外热像仪分辨物体空间几何形状细节的能力，它与所使用的红外探测器像元面积大小、光学系统焦距、像质、信号处理电路带宽等有关。一般也可用探测器元张角（DAS）或瞬时视场表示（见图 3-1）。

空间分辨率通常可通过近似计算得出：空间分辨率 = [2π×水平视场角度(°)]/(360°×水平像元数)，单位为弧度(rad)。

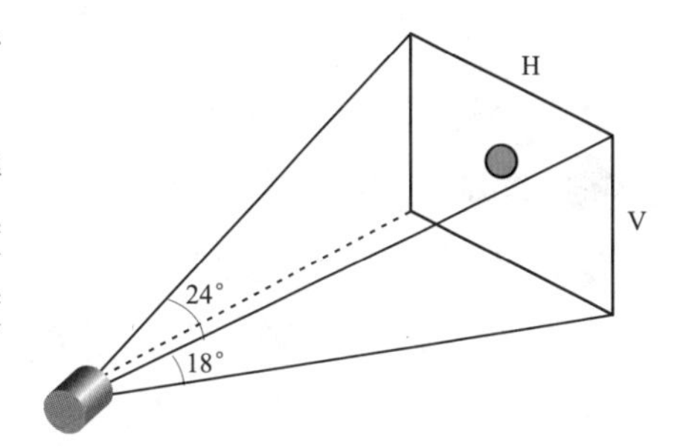

图 3-1　视场角的图示

3 像元数（像素）

像元数（像素）指在红外热像仪视场可分割的像元数。采用焦平面红外探测器时，也指探测器的像元素。

现在使用的手持式红外热像仪一般为 160×120、320×240、640×480 像素的非制冷焦平面探测器。

4 测温范围

测温范围指红外热像仪在满足准确度的条件下测量温度的范围。

红外热像仪测温范围一般是-20～500℃，电网设备红外检测通常用到的测温范围是-20～300℃。

5 热灵敏度

热灵敏度指红外热像仪分辨物体温度的能力。实际应用中，热灵敏度指红外热像仪可以分辨被测物体间最小温差的能力，并规定在温度 23℃±5℃时，要求热灵敏度值小于 0.15K。

6 采样帧速率

采样帧速率指采集两帧图像的时间间隔的倒数，单位为赫兹（Hz），宜不低于 25Hz。

7 工作波段

工作波段指红外热像仪响应红外辐射的波长范围。工业检测红外热像仪宜工作在长波范围内，即 8～14μm。

二、红外热像仪的使用

1 红外热像仪的检测类型

检测类型分为定性检测和定量检测两种，定性检测热成像能够拍摄优质的图像，通过这些优质的图像就能进行分析。定量检测是在拍摄热图像的同时加上温度的测量，即定量检测=热图像+温度显示。

❷ 聚焦

聚焦准确可以得到边缘非常清晰且轮廓分明的热图像，否则将严重影响热图谱分析以及温度测量精度。与可见光相机操作类似。在一张已经保存了的图像上，焦距是不能改变的参数之一。

三、正确使用红外热像仪的方法和技巧

红外热像仪在使用过程中，保证第一时间操作正确性对图像质量、缺陷发现乃至故障分析都至关重要，应避免现场使用上的任何操作失误。

❶ 调整焦距

当热图拍摄完成后，可以在红外图像存储后对图像曲线进行调整，但是无法在图像存储后改变焦距，也无法消除其他杂乱的热反射。因此，如果目标上方或周围背景的过热或过冷的反射影响到目标测量的精确性时，试着仔细调整焦距或者测量方位，以减少或者消除反射影响。

❷ 选择正确的测温范围

为了得到正确的温度读数，务必设置正确的测温范围。当观察目标时，对仪器的温度跨度进行微调将可得到最佳的图像质量。这也将会影响温度曲线的质量和测温精度。

❸ 调整测量距离

当测量目标温度时，需了解能够得到精确测温读数的最大测量距离。对于非制冷微热量型焦平面探测器，要想准确地分辨目标，通过红外热像仪光学系统的目标图像至少占到 9 个像素，或者更多。如果仪器距离目标过远，目标将会很小，测温结果将无法正确反映目标物体的真实温度，因为红外热像仪此时测量的温度平均了目标物体以及周围环境的温度。为了得到最精确的测量读数，应将目标物体尽量充满仪器的视场。显示足够的景物，才能够分辨出目标。

❹ 记录影响精确测温的因素

一条量化的温度曲线可用来测量现场的温度情况，也可以用来编辑显著的温升情况。清晰的红外图像同样十分重要。但是如果在工作过程中，需要进行温度

测量，并要求对目标温度进行比较和趋势分析，还需要记录所有影响精确测温的目标和环境温度情况，例如辐射率、环境温度、风速及风向、湿度、热反射源等。

❺ 检测环境

当在户外工作时，务必考虑太阳反射和吸收对图像和测温的影响。因此，红外热像检测最好在晚上进行测量工作，以避免太阳反射带来的影响。

❻ 保证测量过程中仪器平稳

在拍摄图像过程中，由于仪器移动可能会引起图像模糊。为了达到最好的效果，在冻结和记录图像的时候，应尽可能保证仪器平稳。当按下存储按钮时，应尽量保证轻缓和平滑。即使轻微的仪器晃动，也可能会导致图像不清晰。必要时推荐在胳膊下用支撑物来稳固，或将仪器放置在物体表面，或使用三脚架。

任务四　诊断技术与规范解读

教学目标 通过本任务的学习，使学员掌握 DL/T 664—2008《带电设备红外诊断应用规范》主要内容，并会应用到现场检测工作中，学习典型电力设备红外热像检测应用案例，掌握红外热像检测和缺陷处理流程。

任务描述 本任务为学习 DL/T 664—2008《带电设备红外诊断应用规范》和电力设备状态检修应用案例。

任务准备 了解电力设备状态检修、状态检测知识及相关规范、规程的基本内容。

任务实施 系统学习 DL/T 664—2008《带电设备红外诊断应用规范》的解读和电力设备状态检修应用案例分析，通过理论讲解、实际操作、互动等方法使学员掌握 DL/T 664—2008《带电设备红外诊断应用规范》主要内容、红外热像检测和缺陷处理流程。

相关知识 电力设备状态检修、状态检测知识及相关规范、规程等相关知识。

一、DL/T 664—2008《带电设备红外诊断应用规范》解读

1 背景说明

DL/T 664—2008《带电设备红外诊断应用规范》是国家发展和改革委员会于 2008 年 6 月 4 日发布，2008 年 11 月 1 日开始实施的现行电力行业推荐标准，与 DL/T 596—1996《电力设备预防性试验规程》结合，适应状态检修，增加发现红外缺陷时补充其他试验手段的判断方法。解读图如图 4-1 所示。

增加飞机巡线的应用及仪器和判断的方法。

更新近年发现典型缺陷红外图谱。

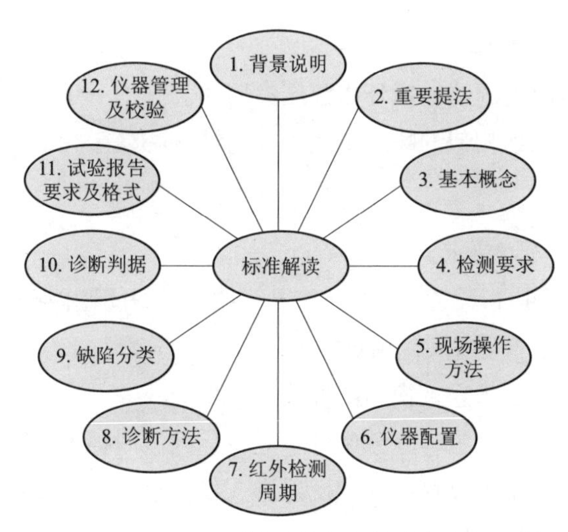

图 4-1　DL/T 664—2008《带电设备红外诊断应用规范》解读

增加红外仪器的选型要求，将仪器分成两类手持式和便携式。

增加红外仪器的校验和比对。

设备的基础温升进行统计，增加新设备的基础温升。

可开展相关设备研究，如合成套管设备、合成绝缘子、瓷绝缘子串的热特性。

2 重要提法

一般检测与精确检测。

电压致热设备与电流致热设备。

便携式红外热像仪与手持式红外热像仪。

仪器检验的周期和项目要求及评判标准。

3 基本概念

（1）相对温差。

$$\Delta t = (\tau_1 - \tau_2)/\tau_1 = (T_1 - T_2)/(T_1 - T_0) \quad (4-1)$$

式中　τ_1——发热点的温升，K；

τ_2——正常相对应的温升，K；

T_1——发热点的温度，℃；

T_2——正常相对应的温度，℃；

T_0——环境温度参照体的温度，℃。

（2）环境温度参照体。

用来采集环境温度的物体叫环境温度参照体。它不一定具有当时的真实环境温度，但具有与被测物相似的物理属性，并与被测物处于相似的环境之中。

4 检测要求

（1）一般检测环境要求。

被检设备是带电运行设备，应尽量避开视线中的封闭遮挡物，如门和盖板等。

环境温度一般不低于5℃，相对湿度一般不大于85%。

天气以阴天、多云为宜，夜间图像质量为佳。

不应在雷、雨、雾、雪等气象条件下进行，检测时风速一般不大于5m/s。

户外晴天要避开阳光直接照射或反射进入仪器镜头，在室内或晚上检测应避开灯光的直射，宜闭灯检测。

检测电流致热型设备，最好在高峰负荷下进行。否则，一般应在不低于30%的额定负荷下进行，同时应充分考虑小负荷电流对测试结果的影响。

（2）精确检测环境要求。

除满足一般检测的环境要求外，还满足以下要求：

风速一般不大于0.5m/s。

设备通电时间不小于6h，最好在24h以上。

检测期间天气为阴天、夜间或晴天日落2h后。

被检测设备周围应具有均衡的背景辐射，应尽量避开附近热辐射源的干扰，某些设备被检测时还应避开人体热源等的红外辐射。

避开强电磁场，防止强电磁场影响红外热像仪的正常工作。

（3）飞机巡线检测基本要求。

除满足一般检测的环境要求和飞机适行的要求外，还满足以下要求：

禁止夜航巡线，禁止在变电站和发电厂等上方飞行。

飞机飞行于线路的斜上方并保证有足够的安全距离，巡航速度以50~60km/h为宜。

红外热成像仪应安装在专用的带陀螺稳定系统的吊舱内。

5 现场操作方法

（1）一般检测：仪器在开机后需进行内部温度校准，待图像稳定后即可开始工作。一般先远距离对所有被测设备进行全面扫描，发现有异常后，再有针对性地近距离对异常部位和重点被测设备进行准确检测。仪器的色标温度量程宜设置在环境温度加10~20K的温升范围。有伪彩色显示功能的仪器，宜选择彩色显示方式，调节图像使其具有清晰的温度层次显示，并结合数值测温手段，如热点跟踪、区域温度跟踪等手段进行检测。应充分利用仪器的有关功能，如图像平均、自动跟踪等，以达到最佳检测效果。环境温度发生较大变化时，应对仪器重新进行内部温度校准，校准方法按仪器的说明书进行。作为一般检测，被测设备的辐射率一般取0.9左右。

（2）精确检测：检测温升所用的环境温度参照体应尽可能选择与被测设备类似的物体，且最好能在同一方向或同一视场中选择。在安全距离允许的条件下，红外仪器宜尽量靠近被测设备，使被测设备（或目标）尽量充满整个仪器的视场，以提高仪器对被测设备表面细节的分辨能力及测温准确度，必要时，可使用中、长焦距镜头。线路检测一般需使用中、长焦距镜头。为了准确测温或方便跟踪，应事先设定几个不同的方向和角度，确定最佳检测位置，并可做上标记，以供今后的复测用，提高互比性和工作效率。正确选择被测设备的辐射率，特别要考虑金属材料表面氧化对选取辐射率的影响。将大气温度、相对湿度、测量距离等补偿参数输入，进行必要修正，并选择适当的测温范围。记录被检设备的实际负荷电流、额定电流、运行电压、被检物体温度及环境参照体的温度值。

6 仪器配置

红外检测仪器主要包括红外测温仪、扫描型红外热电视、光机扫描型红外热像仪、制冷和非制冷型焦平面热像仪等四类。

红外检测仪器的选择和配置，可根据电网管理层次、管理范围、设备容量以及线路和变电设备的不同、一般测量和精确测量的要求不同、电压等级等的实际情况确定。

高压输电线路检测宜配备可带有中长焦距镜头的热像仪。

高压变、配电设备推荐使用各类非制冷焦平面热像仪进行红外检测，红外测温仪（点温计）不推荐使用。DL/T 664—2008给出了手持式和便携式两类非制冷焦平面的设备配置的基本要求。

7 红外检测周期

（1）变电检测周期。

正常运行变（配）电设备的检测应遵循检修和预试前普查、高温高负荷等情况下的特殊巡测相结合的原则。一般 220kV 及以上交（直）流变电站每年不少于两次，其中一次可在大负荷前，另一次可在停电检修及预试前，以便使查出的缺陷在检修中能够得到及时处理，避免重复停电。110kV 及以下重要变（配）电站 1 年检测一次。对于运行环境差、已陈旧或有缺陷的设备，大负荷运行期间、系统运行方式改变且设备负荷突然增加等情况下，需对电气设备增加检测次数。新建、改扩建或大修后的电气设备，应在投运带负荷后不超过 1 个月内（但至少在 24h 以后）进行一次检测，并建议对变压器、断路器、套管、避雷器、电压互感器、电流互感器、电缆终端等进行精确检测，对原始数据及图像进行存档。建议每年对 330kV 及以上变压器、套管、避雷器、电容式电压互感器、电流互感器、电缆头等电压致热型设备进行一次精确检测，做好记录，必要时将测试数据及图像存入红外数据库，进行动态管理。有条件的单位也可开展 220kV 及以下设备的精确检测并建立图库。

（2）输电检测周期。

一般在大负荷前进行。对正常运行的 500kV 及以上架空线路和重要的 220（330）kV 架空线路接续金具，每年宜检测一次；110kV 线路和其他的 220（330）kV 线路，可每两年进行一次。新投产和做相关大修后的线路，应在投运带负荷后不超过 1 个月内（但至少 24h 以后）进行一次检测。对于线路上的瓷绝缘子及合成绝缘子，有条件和经验的也可进行检测。对正常运行的电缆线路设备，主要是电缆终端，110kV 及以上电缆每年不少于两次；35kV 及以下电缆每年至少一次。对重负荷线路，运行环境差时应适当缩短检测周期；重大事件、重大节日、重要负荷以及设备负荷突然增加等特殊情况应增加检测次数。

8 诊断方法

表面温度判断法：主要适用于电流致热型和电磁效应引起发热的设备。根据测得的设备表面温度值，对照 GB/T 11022—2011《高压开关设备和控制设备标准的共用技术要求》中高压开关设备和控制设备各种部件、材料和绝缘介质的温度和温升极限的有关规定，结合环境气候条件、负荷大小进行分析判断。

相对温差判断法：主要适用于电流致热型设备，采用相对温差判断法可降低小负荷缺陷的漏判率。

同类比较判断法：根据同组三相设备、同相设备之间及同类设备之间对应部位的温差进行比较分析。

图像特征判断法：主要适用于电压致热型设备。根据同类设备的正常状态和异常状态的热图像，判断设备是否正常。应排除各种干扰因素对图像的影响，必要时结合电气试验或化学分析的结果，进行综合判断。

档案分析判断法：分析同一设备不同时期的检测温度场分布，找出设备致热参数的变化，判断设备是否正常。

实时分析判断法：在一段时间内使用红外热像仪连续检测某被测设备，观察设备温度随负荷、时间等因素的变化。

9 缺陷分类

一般缺陷：指设备存在过热，有一定温差，温度场有一定梯度，但还不会马上引起事故，一般要求记录在案，注意观察其缺陷的发展，利用停电检修机会，有计划地安排试验检修消除缺陷。

重要缺陷：指设备存在过热，程度较重，温度场分布梯度较大，温差较大，应尽快安排处理。电流致热的设备应视情况降低负荷电流，电压致热的设备应安排其他测试手段，确认缺陷性质后，立即消缺。

紧急缺陷：指设备最高温度超过 GB/T 11022—2011 规定的最高允许温度，应立即安排处理。电流致热的设备应立即紧急降低负荷电流或立即消缺，电压致热的设备应立即安排其他试验手段，确定缺陷性质，立即消缺。

10 诊断判据

DL/T 664—2008 给出三种诊断判据（检测人应对电网设备作用和构造要有知晓）：电流致热的设备的判断依据；电压致热的设备的判断依据；其他综合致热的设备的判断。

11 试验报告要求及格式

（1）试验报告应具备的要素。

1）对热像特征的描述；

2）对具体发热部位的描述；

3）相对温差的计算（电流致热型缺陷）；

4）根据诊断判据判定缺陷性质；

5）产生原因的分析和判断；

6）缺陷的处理意见。

(2) 试验报告格式（见附录 D）。

12 仪器管理及校验

(1) 仪器管理。

仪器应有专人负责保管，有完善的使用管理规定。

仪器档案资料完整，具有出厂校验报告、合格证、使用说明、质保书和操作手册等。

仪器存放应有防湿、干燥措施，使用环境条件、运输中的冲击和振动必须符合厂家技术条件的要求。

仪器不得擅自拆卸，有故障时须到仪器厂家或厂家指定的维修点进行维修。

应定期进行保养，包括通电检查、电池充放电、存储卡存储处理、镜头的检查等，以保证仪器及附件处于完好状态。

(2) 仪器的校验（见表 4-1）。

表 4-1　红外仪器的校验项目、校验周期

序号	校验项目名称	校验周期	校验方法条款
1	噪声等效温差	(1) 首次使用时； (2) 必要时	6.3.2.1
2	准确度	(1) 首次使用时； (2) 1~2 年	6.3.2.2
3	连续稳定工作时间	(1) 首次使用时； (2) 1~2 年	6.3.2.3
4	环境影响评价	(1) 首次使用时； (2) 必要时	6.3.2.4
5	测温一致性	(1) 首次使用时； (2) 1~2 年	6.3.2.5
6	图像质量评价	(1) 首次使用时； (2) 必要时	6.3.2.6

由于红外仪器在各个层面上推广应用，对于红外仪器检测的可靠性、准确性有了新的要求。红外热像仪的型式、种类及生产商的多样化，红外仪器的测量温度和红外图像测量结果的可信度不同，会严重影响检测结果的分析判断。

因此应定期进行校验，一般在新仪器首次使用时和每一到两年校验或比对一次。

主要校验项目：

1）测温准确度；

2）连续稳定工作时间；

3）测温一致性。

必要时还可进行：

1）噪声等效温差（NETD）；

2）环境影响评价；

3）图像质量评价。

二、电力设备状态检修应用案例

❶ 红外检测 500kV 主变压器高压套管漏油缺陷

（1）案例经过。

试验人员在红外测温工作中，发现其 500kV 变电站 2 号主变压器 B 相高压套管热像异常，如图 4-2 所示。热像显示 2 号主变压器高压套管中部出现明显温升断层，该断层平面位置比储油柜内油面位置略高。后对该套管进行仔细检查，未发现变压器、高压套管外表面有渗漏油等明显异常，只是顶部油位计指示较其他相套管明显偏低，但指示未到底部。A、C 相高压套管热像图正常。

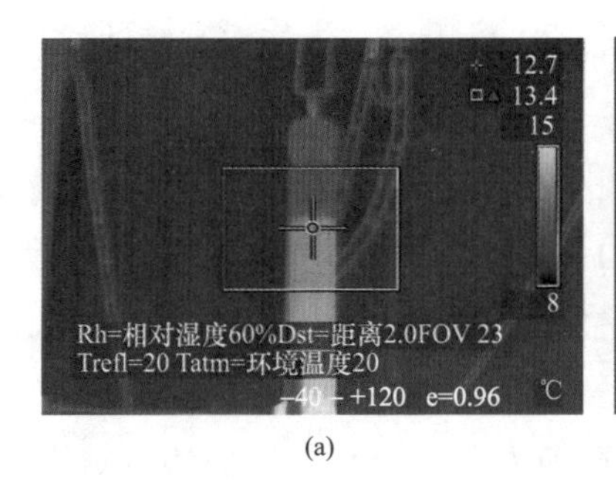

(a)

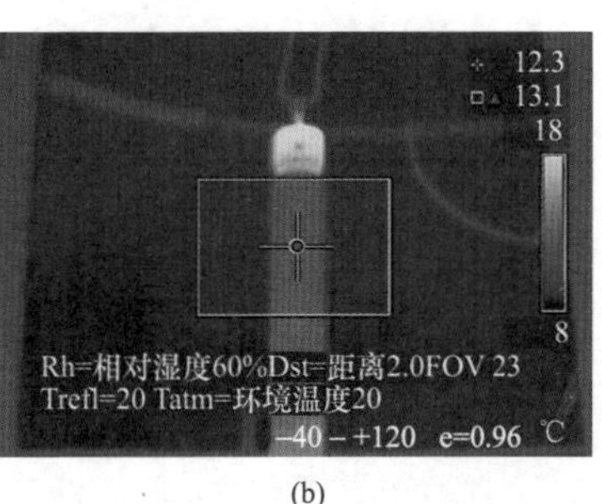

(b)

图 4-2　高压套管热像图

（a）B 相；（b）A 相

（2）检测分析。

根据 DL/T 664—2008《带电设备红外诊断应用规范》图像特征判断法，该套管

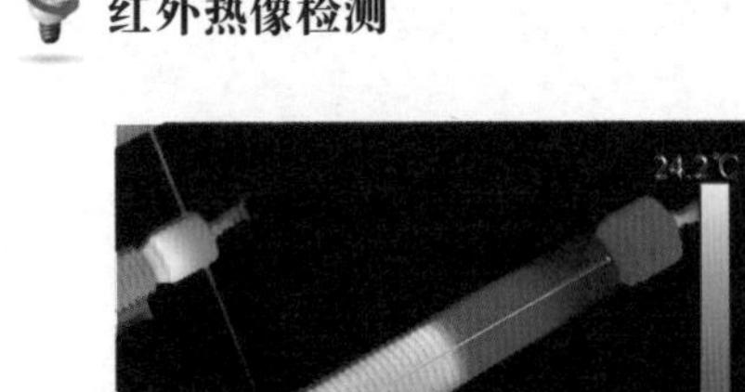

图 4-3 红外检测 B 相套管油位

热像表面温度有明显断层，且套管顶部油箱温度与其他相相比偏低，具备漏油缺陷的典型特征。为了排除套管表面瓷套上下部材质因素引起误判，检修公司一方面积极联系厂家，准备备品，另一方面加强检测观察温度分界点有无下降趋势。几个月后，套管表面温度分界线又出现了下降，如图 4-3 所示。

经过前后对比分析以及油位计指示偏低现象，认为该套管底部存在漏油现象，2 号主变压器停电并进行试验。进行了套管介损、电容量及绝缘电阻试验。介损与电容量与上次试验结果相比都略有增大，如表 4-2 所示。

表 4-2 套管常规试验数据

试验项目	主绝缘	末屏绝缘	电容量（pF）	主绝缘介损（%）
测量数据	80 000MΩ	50 000MΩ	521.8	0.579
上次测量数据			513.6（铭牌值 519）	0.479
规程标准	≥10 000MΩ	≥1000MΩ	偏差≤±5%	≤0.8%

实际检查油位发现与红外测温结果一致。根据试验及检查情况，套管内部已严重缺油。电容量与前次相比有 1.5% 左右的增长，介损也增大了 17% 左右，怀疑部分电容屏已经击穿。

由于该套管法兰处无取样口，顶部油位下降太多，未能取套管油样进行色谱分析。

（3）处理措施。

确认该套管漏油后，对该套管进行了更换。套管拆下来后，发现下端铜质法兰周边有 5 道纵向裂纹，套管内的绝缘油就是从此处与主变压器本体变压器油连通的，如图 4-4 所示。

该套管为拉杆式结构，结构简单，更换方便。但其下端的法兰结构不合理，容易造成受力不均，新更换的套管下端法兰结构已改进，如图 4-5 所示。更换的新套管投运后，热像正常。

（4）总结体会。

1）红外测温技术是发现电网设备热缺陷的有效手段，利用横向、纵向比较，可以及时发现热像异常设备存在的隐患、缺陷。

图 4-4 旧套管底部结构及漏油部位

图 4-5 新套管底部结构

2）对于套管漏油缺陷，电容量应减小，但该套管电容量反而增大，分析认为套管油位下降后，油面以上电容部分击穿所致，但也反映了电容量变化对漏油现象反应不是很灵敏，而红外测温则可以很好地弥补这一点。

2 红外检测 220kV 电压互感器下节过热

（1）案例经过。

高压试验班对某 220kV 变电站进行红外测温时，发现 2 号 TV A 相下节红外图谱温度明显高于上节及 B、C 两相的温度，如图 4-6 所示。环境温度 30℃，A 相上节温度 31.7℃，下节温度 35.7℃，上下温差 4K，B、C 两相温度正常，为 31.7℃。之后，为了进一步确认，先后用了 3 台不同型号的红外测温仪对其进行测温，结果一致。

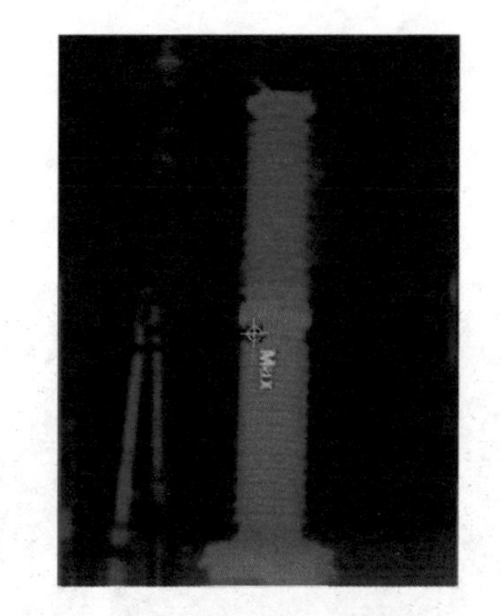

图 4-6 2 号 TV A 相红外测温图谱

（2）检测分析。

2 号 TV 型号为 TYD220$\sqrt{3}$ —0.01H，为电容器电压互感器，结构为上下两节，2009 年 3 月出厂，大连互感器厂生产，2009 年 7 月 8 日投于运行，2010 年 6 月 3 日进行预防性试验。从 2009 年 7 月开始分别对该变电站进行 9 次红外测温，从历年红外测温的结果及预防性试验结果分析，未发现 2 号 TV 的绝缘问题。以下为 2 号 TV 的介损试验情况：

1）2009 年 6 月 11 日试验数据，交接性试验，试验单位为工程公司，试验温度 32℃，如表 4-3 所示。

表 4-3　　2009 年 6 月 11 日试验数据

元件	C1（上节）		C2（下节之一）		C3（下节之二）	
	tanδ（%）	C_x（pF）	tanδ（%）	C_x（pF）	tanδ（%）	C_x（pF）
A	0. 123	20 513	0. 178	29 568	0. 18	69 832
B	0. 056	20 715	0. 2	30 227	0. 148	70 736
C	0. 09	20 616	0. 14	30 967	0. 156	69 890

2）2010 年 6 月 3 日试验数据，预防性试验，试验单位为变电中心高压试验班，试验温度 29℃，如表 4-4 所示。

表 4-4　　2010 年 6 月 3 日试验数据

元件	C1（上节）		C2（下节之一）		C3（下节之二）	
	tanδ（%）	C_x（pF）	tanδ（%）	C_x（pF）	tanδ（%）	C_x（pF）
A	0. 122	20 612	0. 239	29 545	0. 283	70 100
B	0. 09	20 911	0. 251	30 021	0. 264	70 445
C	0. 113	20 745	0. 117	30 679	0. 235	69 873

从两次试验数据相比，变化不大，反映不出电压互感器的介损问题。图 4-7 所示为 2 号 TV 三相红外测温图谱。

(a)

(b)

(c)

图 4-7　2 号 TV 三相红外测温图谱

（a）A 相；（b）B 相；（c）C 相

从图 4-7 可以明显发现：A 相下节温度明显高于 A 相上节，而且 B、C 两相正常。

根据 DL/T 664—2008《带电设备红外诊断应用规范》附录 2，电压致热型电气设备缺陷诊断判据规定：对于电容式电压互感器，整体温度偏高，且中上部温度大，温差高于 2~3K 时，应停电进行介损试验进行进一步分析诊断。

2011 年 8 月 2 日，对 2 号 TV 申请停电，进行绝缘和介损试验，数据如表 4-5 和表 4-6 所示，试验环境温度 30℃，湿度 65%。

表 4-5　　绝缘电阻试验数据　　单位：MΩ

相别	上节	下节	δ—地
A	10 000	7000	500
B	10 000	12 000	700
C	12 000	11 000	700

表 4-6　　介损与电容量测量数据

元件	C1（上节）		C2（下节之一）		C3（下节之二）	
	tanδ（%）	C_x（pF）	tanδ（%）	C_x（pF）	tanδ（%）	C_x（pF）
A	0.079	20 070	1.599	28 780	1.625	68 560
B	0.045	20 540	0.143	29 240	0.157	69 370
C	0.117	20 470	0.138	29 240	0.153	69 820

（3）处理措施。

2 号 TV A 相下节红外测温温度高于上节及其他 B、C 两相 4K，从图 4-7 可以明显看出 A 相下节整体温度高于其他相别，而且图谱清晰。根据电力行业标准 DL/T 664—2008 的规程规定，电容式电压互感器红外测温温差一般不高于正常相 2~3K，由此诊断此节电容器分压器介损偏大。

从电阻试验数据分析，A 相下节极间绝缘电阻比其他 B、C 两相及上节绝缘电阻低。

介损测量中分析，A 相下节（C2、C3）介损比较初试值明显增加，电容量有所减小。A 相下节数据比较如表 4-7 所示。

表 4-7　　A 相下节数据比较

试验时间	环境温度	C2				C3			
		tanδ（%）	介损变化量	C_x（pF）	C_x 变化量	tanδ（%）	介损变化量	C_x（pF）	C_x 变化量
2009. 06. 11	32℃	0. 178	增加 8. 98 倍	29 568	减小 2. 66%	0. 18	增加 9. 028 倍	69 832	减小 1. 82%
2011. 08. 02	30℃	1. 599		28 780		1. 625		68 560	

Q/GDW 1168—2013《输变电设备状态检修试验规程》关于电容器电压互感器试验要求：

1）极间绝缘电阻大于 5000MΩ（注意值）；

2）电容量初值不超过±2%（警示值）；

3）介质损耗因数小于 0. 5%（油纸绝缘）（注意值），小于 0. 25%（膜纸复合）（注意值）。

按照此标准要求建议更换此电压互感器。

8 月 25 日对 2 号 TV A 相进行了更换，之后重新进行了绝缘和介损试验，数据如表 4-8 和表 4-9 所示，试验环境温度 35℃，湿度 45%。

表 4-8　　更换后绝缘电阻试验数据　　单位：MΩ

相别	上节	下节	δ—地
A	10 000	10 000	700
B	10 000	12 000	700
C	12 000	11 000	700

表 4-9　　更换后介损与电容量测量数据

元件	C1（上节）		C2（下节之一）		C3（下节之二）	
	tanδ（%）	C_x（pF）	tanδ（%）	C_x（pF）	tanδ（%）	C_x（pF）
A	0. 079	20 080	0. 128	29 250	0. 145	69 370
B	0. 045	20 560	0. 132	29 255	0. 148	69 380
C	0. 117	20 490	0. 122	29 250	0. 141	69 830

复测后电气试验数据和红外测温数据均显示正常。

（4）总结体会。

红外成像技术是发现电网设备热缺陷的有效手段，利用横向、纵向比较，可以及时发现带电设备内部存在的隐患、绝缘受潮隐患等设备缺陷，在红外测温工作中，只要认真仔细，做到不缺不漏，使用好工具，就可以为电网设备消除隐患，成为状态检修的主要力量。

3 红外检测 110kV 线路 TV（CVT）上节内部电容单元击穿过热

（1）案例经过。

试验人员在对某 110kV 变电站室外 110kV 设备进行红外热像检测工作过程中发现，该变电站某 110kV 线路 TV（CVT）内部存在异常发热，如图 4-8 所示，正常部位温度为 15.7℃，发热部位温度为 18.5℃，温差 2.8K。

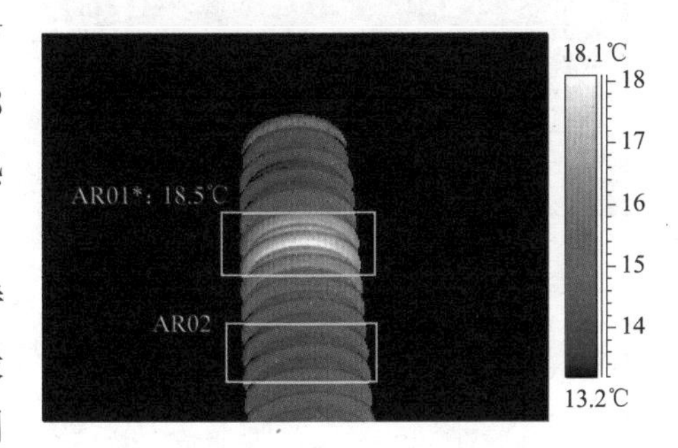

图 4-8　故障 CVT 红外测温图谱

该线路 TV（CVT）的异常热像特征为整体或局部有明显发热，允许的最大温升为 1.5℃（膜纸型），允许的同类温差为 0.5℃（膜纸型）。该线路 TV（CVT）的温升超过 1.5℃。按照 DL/T 664—2008《带电设备红外诊断应用规范》中的规定，此类电压致热性设备存在 2K 的温差时即存在严重缺陷，有危及设备安全运行的可能，应属重大缺陷。

（2）检测分析。

停电后对该相进行常规试验，本次及历史试验数据如表 4-10 所示。

表 4-10　　互感器历年试验数据

试验日期	电容	试验电压（kV）	C_r（pF）	C_x（pF）		ΔC_x（%）	tanδ%
1999. 02. 16	C1	10	6900	8826	7006. 032	1. 54	0. 062
	C2	3		33 976			0. 054
2004. 04. 08	C1	10	6900	8744	6930. 233	0. 44	0. 153
	C2	3		33 410			0. 116
2009. 03. 15	C1	10	6900	9981	7690. 929	14. 15	4. 209
	C2	3		33 520			0. 160

从表 4-10 发现该相 CVT 上节的电容值与历史试验值相差近 14.15%，介损系数由 0.153%上升至 4.209%，可判断该 CVT 上节的电容单元有多个击穿，并存在绝缘缺陷。

（3）处理措施。

随后又多次对该设备进行了跟踪复测，当确认缺陷确实存在后，考虑到该缺陷属于电压互感器内部发热，预示其内部可能存在较为严重情况，即在随后的大修过程中对该设备进行了更换。更换后，新设备红外热像检测正常，如图 4-9 所示。

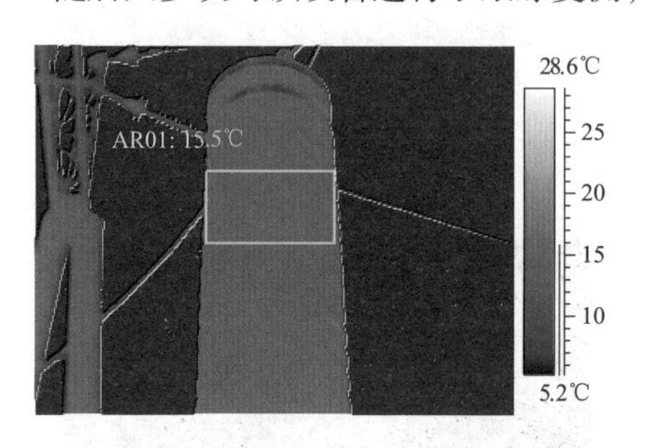

图 4-9　更换后 CVT 红外测温图谱

（4）总结体会。

1）从本案例可见，电压效应致热设备的热故障主要是由于内部绝缘老化、受潮等原因引起的，并发生在电气设备的内部，故障比例小、温升小、危害大，反映在设备外表的温升很小，通常只有几开。

2）要求对电压致热型设备进行全面红外成像，认真对同站同型号设备进行详细的横向对比分析。由于引起该类设备发热的系统电压都是很稳定的，可以说，相邻间隔的电压致热型设备的运行状况是完全一样的，它们的可比性是最强的。

4 红外成像检测变电站 35kV 主变压器断路器触头隐患

（1）案例经过。

2012 年 3 月 22 日，在对某变电站红外普测中发现 2 号主变压器 35kV 少油断路器 B 相上部触头部位有发热现象，与同相正常部位的温差为 37.6℃，相对温差 79.8%，为电流致热型热点。

处理情况：4 月 12 日结合停电对该断路器进行了解体处理。

（2）检（监）测技术和分析评价方法。

检测技术：使用红外检测技术准确判断设备内部接触电阻过大的热缺陷。

迎峰度夏前运行人员使用红外成像仪 P630 对变电站设备进行专业检测，发现该变电站 2 号主变压器 35kV 少油断路器 B 相有发热现象（见图 4-10），热点部位为少油断路器动静触头连接部位，呈以顶帽为中心的热像图，顶帽温度大于下法兰温度，热点部位与同相正常部位的温差为37.6℃，相对温差79.8%，判断属于典型的触头接触不良、接触电阻过大的热缺陷。

检修情况及分析：

该断路器型号为SW2-35，额定电流1500A，上海开关厂1976年11月18日生产，出厂编号：38，1980年2月3日投运。

4月12日，结合回路停电处理，测得B相回路电阻1897μΩ，远大于预试规定的160μΩ。断路器油色偏深，如图4-11所示。

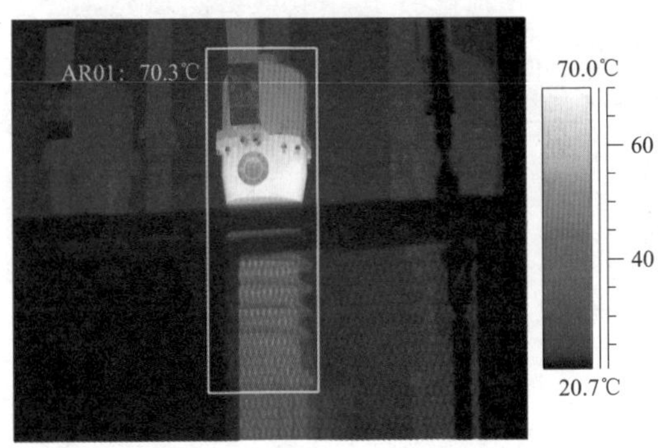

图4-10 35kV B相少油断路器热像图

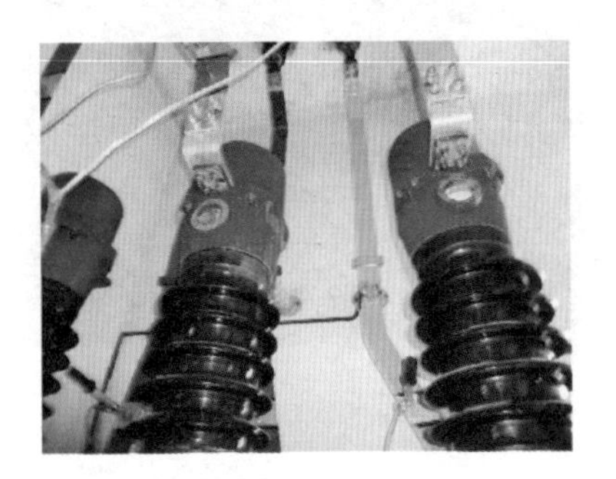

图4-11 断路器实物图片

解体检修情况（见图4-12）：

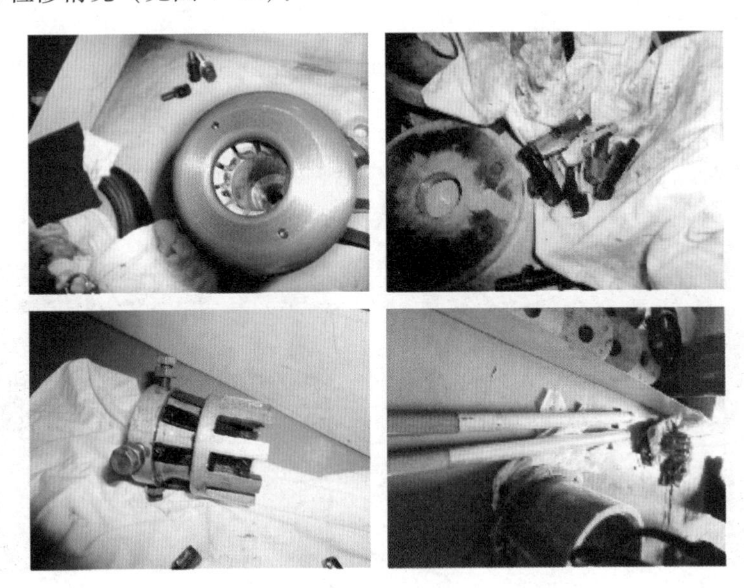

图4-12 35kV B相少油断路器解体检修情况

1）中间静触头因接触压力不均匀，引起接触电阻过大发热，触片过热变色。

2）动触杆表面镀覆层表面有损伤，手动摇晃动触杆感觉绝缘杆与动触杆连接处有明显松动现象。

3）主要原因：原该断路器结构形式为带中间电流互感器，后经反措将中间电流互感器移出。由于断路器附带中间箱的结构形式不合理，主要因动触杆过长，中间静触头固定位置变动等原因，使分合闸过程中动触杆产生晃动，造成动触杆与中间静触头、静触头接触不良引起发热。

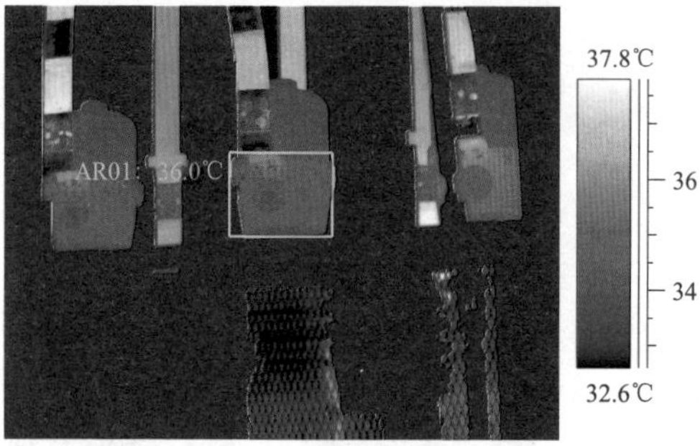

图 4-13　检修后热像图

现场对 B 相断路器的静触头、中间静触头、动触杆部件进行调换后接触电阻为 65μΩ，经红外复测正常，如图 4-13 所示。

（3）经验体会。

通过本案例可以看出，红外测温在针对断路器回路电阻过大这类电流型故障的检测中具有非接触、快速等优势，在故障的分析中具有明确、直观等优势，可以为故障原因判断提供有力的依据。

❺ 红外检测 500kV 极 I 阀厅可控硅组件中阳极电抗器过热

（1）案例经过。

运行人员红外测温发现极 I 阀厅 6 号阀塔（极 I Y/Y C 相）一可控硅组件中阳极电抗器温度达 72℃左右（具体位置为从下往上数第五层靠阀厅走廊侧），如图 4-14 所示。阀厅内其他可控硅组件的阳极电抗器温度均为 53℃左右，如图 4-15 所示，当时极 I 直流系统输送功率为 1494MW，阀厅温度为 34℃。

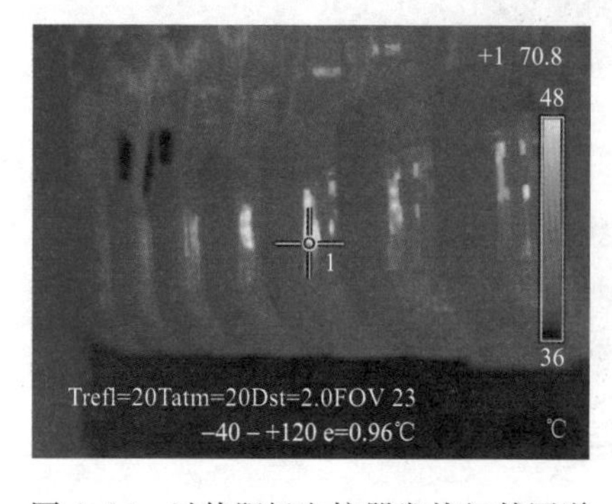

图 4-14　过热阳极电抗器发热红外图谱

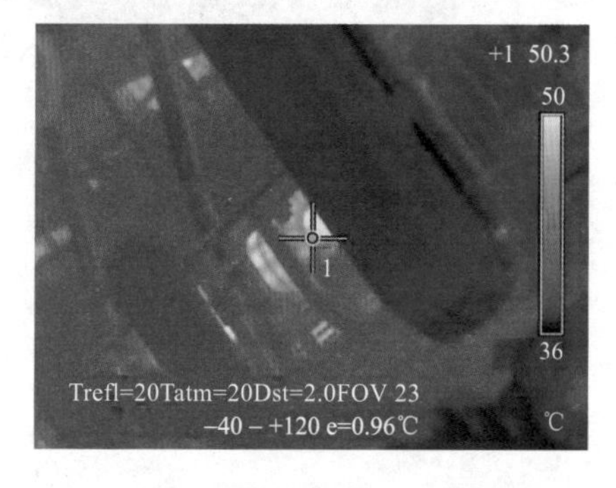

图 4-15　过热阳极电抗器相邻的电抗器红外图谱

其热像特征为阳极电抗器局部过热。

（2）检测分析。

对过热阳极电抗器每4h进行一次跟踪复测，当极Ⅰ直流系统输送功率下降时，其温度会随之下降，当极Ⅰ直流系统额定功率运行时，其温度始终高达71℃以上，如表4-11所示。

表4-11　　过热阳极电抗器温度跟踪表

时间	极Ⅰ负荷	阀厅环温	过热阳极电抗器温度	相邻阳极电抗器温度
07.17 00:00	1494MW	34℃	72℃	54℃
07.17 04:00	1494MW	34℃	71.8℃	53℃
07.17 08:00	1494MW	34℃	72℃	53℃
07.17 12:00	1494MW	34℃	72℃	54℃
07.17 16:00	1494MW	34℃	72℃	54℃
07.17 20:00	1494MW	37℃	74℃	54℃
07.18 00:00	1145MW	36.5℃	72.2℃	53℃
07.18 04:00	1145MW	34℃	68℃	54℃
07.18 08:00	1145MW	35℃	66℃	54℃
07.18 12:00	1502MW	33℃	72℃	54℃
07.18 16:00	1493MW	37℃	74℃	54℃
07.18 20:00	1494MW	35℃	76.2℃	55℃
07.18 22:00	1493MW	35℃	73℃	55℃
07.18 23:00	1493MW	35℃	76℃	55℃
07.19 00:00	1494MW	35℃	75℃	56℃
07.19 02:00	1493MW	35℃	75.2℃	55℃
07.19 04:00	1493MW	35℃	75.3℃	55℃
07.19 08:00	1145MW	36℃	74.2℃	55℃
07.19 12:00	1493MW	34℃	74℃	54℃
07.19 16:00	1493MW	35℃	75.4℃	54℃
07.19 20:00	1493MW	33℃	74℃	58℃
07.19 00:00	1493MW	36℃	75℃	56℃

续表

时间	极 I 负荷	阀厅环温	过热阳极电抗器温度	相邻阳极电抗器温度
07.20 04:00	1493MW	36℃	75℃	54℃
07.20 08:00	1493MW	33℃	74℃	55℃
07.20 10:00	1493MW	35℃	74.8℃	54℃
07.20 12:00	1493MW	35℃	73.4℃	54℃
07.20 14:00	1493MW	36℃	73.9℃	55℃
07.20 16:00	1493MW	36℃	75℃	55℃

由于阀厅温度在 35℃左右，而阳极电抗器温度在 74℃左右，从 ABB 关于阀设计经验看，该温度超过了设计上限（约 70℃），导致阳极电抗器存在老化和损耗增大的风险，持续运行将可能会导致该发热元件彻底损坏。因此，按照 ABB 厂家人员的建议，该换流站于 2011 年 7 月对该阳极电抗器进行了停电更换。

图 4-16　电抗器铁芯钢带崩断

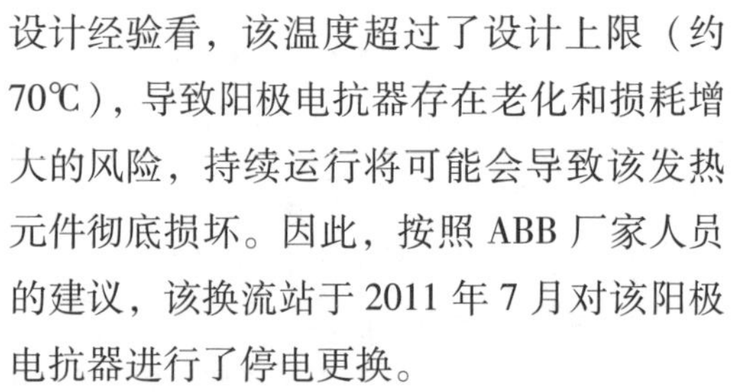

（3）处理措施。

随后对更换下来的过热阳极电抗器进行了拆解分析，如图 4-16~图 4-18 所示。

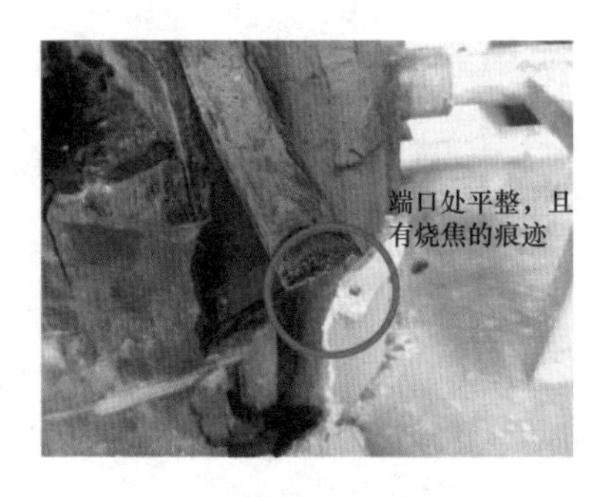

图 4-17　电抗器铁芯钢带烧焦痕迹

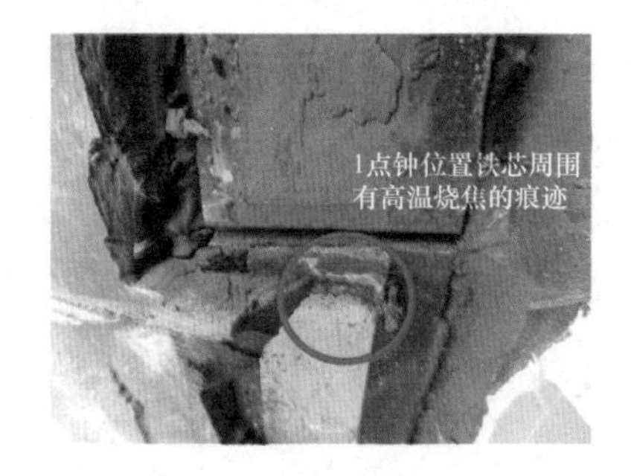

图 4-18　电抗器铁芯钢带周围高温烧焦痕迹

将过热的阳极电抗器解剖后，发现电抗器铁芯钢带断裂，铁芯钢带有烧焦痕迹，以及铁芯钢带周围有高温烧焦痕迹。结合红外图谱初步判断，最有可能的是：由于振动等原因，使部分铁芯损耗异常，从而导致了局部过热。

新更换的阳极电抗器投入运行后，再次对该电抗器进行红外跟踪测温，未出现过热情况。

（4）总结体会。

在长期运行后，ABB饱和电抗器出现了局部过热现象，对此类产品要注意监测。

附录A　红外热像检测练习题库

一、单项选择题

1. 下列不属于变电站内支柱绝缘子的例行试验项目的是（　　）。

A. 红外热像检测；　B. 现场污秽度评估；

C. 例行检查；　D. 绝缘电阻测试。

2. 红外测温发现设备热点，应调整亮漆（所有颜色）的辐射率为（　　）。

A. 0.88；　B. 0.3~0.4；　C. 0.59~0.61；　D. 0.9。

3. 红外测温发现设备热点，应调整黑亮漆（在粗糙铁上）的辐射率为（　　）。

A. 0.88；　B. 0.3~0.4；　C. 0.59~0.61；　D. 0.9。

4. Q/GDW 1168—2013《输变电设备状态检修试验规程》规定，红外热像检测时要记录环境温度、负荷及其近（　　）内的变化情况，以便分析参考。

A. 1h；　B. 2h；　C. 3h；　D. 4h。

5. 下列不属于Q/GDW 1168—2013《输变电设备状态检修试验规程》中规定的高压套管的例行试验项目的是（　　）。

A. 绝缘电阻；

B. 红外热像检测；

C. 油中溶解气体分析；

D. 电容量和介质损耗因数（电容型）。

6. 若电气设备的绝缘等级是B级，那么它的极限工作温度是（　　）℃。

A. 100；　B. 110；　C. 120；　D. 130。

7. 电气设备与金属部件的连接的线夹设备缺陷判断为严重缺陷的为（　　）。

A. 温差不超过15K；

B. 热点温度70℃，相对温差大于70%；

C. 热点温度大于80℃，相对温差大于80%；

D. 热点温度大于110℃，相对温差大于95%。

8. 电气设备与金属部件的连接的线夹设备缺陷判断为危急缺陷的为（　　）。

A. 温差不超过 15K；

B. 热点温度 70℃，相对温差大于 70%；

C. 热点温度大于 80℃，相对温差大于 80%；

D. 热点温度大于 110℃，相对温差大于 95%。

9. 电气设备与金属部件的连接的线夹设备缺陷判断为一般缺陷的为（　　）。

A. 温差不超过 15K；

B. 热点温度 70℃，相对温差大于 80%；

C. 热点温度大于 80℃，相对温差大于 80%；

D. 热点温度大于 110℃，相对温差大于 95%。

10. 红外热像仪的启动时间应不小于（　　）。

A. 1min；　　B. 2min；　　C. 3min；　　D. 4min。

11. 隔离开关刀口设备缺陷判断为一般缺陷的为（　　）。

A. 温差不超过 15K；

B. 热点温度 70℃，相对温差大于 80%；

C. 热点温度大于 90℃，相对温差大于 80%；

D. 热点温度大于 130℃，相对温差大于 95%。

12. 隔离开关刀口设备缺陷判断为严重缺陷的为（　　）。

A. 温差不超过 15K；

B. 热点温度 70℃，相对温差大于 80%；

C. 热点温度大于 90℃，相对温差大于 80%；

D. 热点温度大于 130℃，相对温差大于 95%。

13. 隔离开关刀口设备缺陷判断为危急缺陷的为（　　）。

A. 温差不超过 15K；

B. 热点温度 70℃，相对温差大于 80%；

C. 热点温度大于 90℃，相对温差大于 80%；

D. 热点温度大于 130℃，相对温差大于 95%。

14. 关于红外辐射，下面说法正确的是（　　）。

A. 红外辐射可穿透大气而没有任何衰减；

B. 红外辐射可通过光亮金属反射；

C. 红外辐射可透过玻璃；

D. 红外辐射对人体有损害。

15. 物体在（　　）以上就辐射出红外线。

A. -273.15℃；　B. -100℃；　C. -20℃；　D. 0℃。

16. 被测物体温度越高，其辐射红外能量的峰值波段将（　　）。

A. 往短波方向移动；　B. 往长波方向移动；

C. 不动；　D. 中心点不动，范围扩大。

17. 关于红外热像仪调焦的作用，以下说法正确的是（　　）。

A. 将远处的物体拉近；　B. 将近处的物体放大；

C. 得到正确的辐射能量；　D. 得到最高的温度值。

18. 三个人分别穿三种颜色的毛衣，用热像仪拍，（　　）拍出来温度最高。

A. 黑色；　B. 白色；　C. 红色；　D. 温度一样。

19. 用热像仪检测发现、电气接头的螺钉连接处有温升，导线温度正常，请判断其温升原因是（　　）。

A. 连接处电阻较大；　B. 连接处辐射率较大；

C. 该相的负载较高；　D. 该相的谐波较大。

20. 断路器两相之间的测量温升为20℃，所使用的辐射率为1.0，但真实辐射率应是0.25。那么前面所说的温升（　　）。

A. 太低；　B. 太高；

C. 正好；　D. 以上都不是。

21. 在进行红外热像电气检查时，5m/s的风（3级）会造成的影响是（　　）。

A. 风只会给具有环境温度的参照体降温；

B. 只要天气晴朗，风对检测就没有什么影响；

C. 只要天气多云，风对检测就没有什么影响；

D. 风会给发热组件降温，给显示真实温度带来较大的差别。

22. 关于红外热像仪更换长焦镜头的目的，错误的说法是（　　）。

A. 用以放大距离较远的被测目标的红外热图；

B. 使热图显示更加清晰；

C. 更好地观测目标细节；

D. 得到更准确的温度和热场分布。

23. 若红外热像仪的精度是±2%或±2℃，则目标在50℃时热像仪精度允许的温度范围是（　　）。

A. 49~51℃；　　B. 48~52℃；　　C. 49~50℃；　　D. 50~52℃。

24. 以下（　　）是红外热像仪不能检测真实温度的。

A. 液体；　　B. 220kV 高压线；

C. 走路的人体；　　D. 灯泡内的发热的钨丝。

25. 当松动的电气连接上的电流（负载）翻倍时，表面温度会（　　）。

A. 下降；　　B. 提高一倍以上；

C. 稍微有所提高；　　D. 保持不变。

26. 物体红外辐射与物体温度的关系，以下描述错误的是（　　）。

A. 物体温度越高，红外辐射越强；

B. 物体温度越高，红外辐射越弱；

C. 物体的红外辐射能量与温度的四次方成正比；

D. 红外辐射强度与物体的材料、温度、表面光度、颜色等有关。

27. 热分辨率是衡量红外热像仪的一个重要参数，热分辨率是指（　　）。

A. 发现物体的能力；　　B. 发现物体细节的能力；

C. 准确测量温度的能力；　　D. 远距离观测的能力。

28. 空间分辨率是衡量热像仪观测物体大小与空间距离大小的一个参数，在同等距离上空间分辨率越小，意味着热像仪能分辨出物体的尺寸（　　）。

A. 越大；　　B. 越小；　　C. 不变；　　D. 不确定。

29. 当几个物体处于同一温度下时，各物体的红外辐射功率与吸收的功率成（　　）关系。

A. 正比；　　B. 线性；　　C. 平方；　　D. 反比。

30. 在红外辐射技术的研究和应用中，设定了具有理想中最大辐射功率的物体，称之为黑体，黑体所吸收的红外线能量与发射的红外线能量的比值为（　　）。

A. 0.9；　　B. 0.85；　　C. 1.0；　　D. 0.98。

31. 多节串联使用的金属氧化物避雷器，如果其中一节进水受潮，热像图的特征是（　　）。

A. 进水节局部过热，其他节温度升高；

B. 进水节温度低，其他节温度高；

C. 进水节、不进水节均过热；

D. 进水节过热，其他节温度正常。

32. 在同一电气回路中，当三相电流对称，三相设备相同时，比较（　　）电流致热型设备对应部位的温升值，可判断设备是否正常。

A. 一相；　B. 两相；

C. 三相（或两相）；　D. 三相。

33. 载流导体的发热量与（　　）无关。

A. 通过电流的大小；　B. 电流通过时间的长短；

C. 载流导体的电压等级；　D. 导体电阻的大小。

34. 红外精确检测风速一般不大于（　　）。

A. 0.5m/s；　B. 1m/s；　C. 1.5m/s；　D. 5m/s。

35. 红外一般检测风速一般不大于（　　）。

A. 0.5m/s；　B. 1m/s；　C. 1.5m/s；　D. 5m/s。

36. 红外测温适应“电压致热型”设备的判断方法是（　　）。

A. 表面温度法；　B. 同类比较判断法；

C. 图像特征判断法；　D. 相对温差判断法。

37. 红外测温发现设备热点，应调整氧化黄铜材料的辐射率为（　　）。

A. 0.03；　B. 0.3~0.4；　C. 0.59~0.61；　D. 0.9。

38. 红外测温发现设备热点，应调整强氧化铝材料的辐射率为（　　）。

A. 0.03；　B. 0.3~0.4；　C. 0.59~0.61；　D. 0.9。

39. 铜的熔点为（　　）。

A. 1083.4℃；　B. 1210℃；　C. 1530℃；　D. 980℃。

40. 铝的熔点为（　　）。

A. 1083.4℃；　B. 880℃；　C. 660.4℃；　D. 1100℃。

41. 红外热像仪进行电气过负荷检查的主要原理是（　　）。

A. 有谐波；　B. 电阻过大发热；

C. 电缆导线截面积过大；　D. 电流过大发热。

42. 在相同温度下，（　　）辐射出的能量最高。

A. 黑纸；　B. 光亮的铝合金；

C. 皮肤； D. 生锈的铁片。

43. 关于热像仪的红外辐射，下列说法正确的是（　　）。

A. 热像仪向外辐射红外线，对人体有伤害，需要进行避让；

B. 热像仪向外辐射红外线，但能量较弱，无需避让；

C. 热像仪接收红外线，但对人体有伤害，需要进行避让；

D. 热像仪接收红外线，对人体无害。

44. 关于红外热像仪的调色板模式，下列说法不正确的是（　　）。

A. 电力系统使用的调色板模式为铁红；

B. 调色板可以在软件内修改；

C. 铁红比灰度及彩虹模式的测温精度高；

D. 不同的现场可以选择不同的调色板。

45. 红外线的颜色是（　　）。

A. 红色的； B. 紫色的； C. 白色的； D. 没有颜色。

46. 要使用红外热像仪检测表面光亮的金属，下列措施无效的是（　　）。

A. 将表面打毛；

B. 在表面贴胶带；

C. 改变测量角度；

D. 使用接触式温度计进行比对，修改辐射率。

47. 目前工业级红外热像仪通常所使用的探测器类型为（　　）。

A. 液氮制冷型焦平面探测器；

B. 非制冷焦平面探测器；

C. 光机扫描探测器；

D. 热电制冷型探测器。

48. 下列材料中，红外线可以穿透的是（　　）。

A. 玻璃； B. 有机玻璃； C. 钢板； D. 塑料薄膜。

49. 根据 DL/T 664—2008 标准，进行热成像电气检查的最小负荷为（　　）。

A. 10%； B. 30%； C. 60%； D. 100%。

50. 附表1是对一个60A空气断路器上的连接进行一个月的周期检查获得趋势变化。

附表 1　　某空气断路器周期检查数据

检查日期	6/15	6/25	6/30	7/10	7/15
电流（A）	50	48	20	24	52
气温（℃）	31	26	24	25	32
断路器温度（℃）	121	129	35	43	150

请问：6/30 和 7/10 温度下降可能的原因是（　　）。

A. 环境温度变化；　　B. 组件老化；

C. 负荷下降；　　D. 连接重新焊接。

51. 在热像仪上存储一张红外热图，当从热像仪调用该图像或者将该图像上传到电脑中的通信软件时，下列设置无法修改的是（　　）。

A. 焦距；　B. 辐射率；　C. 背景温度；　D. 调色板。

52. 若环境温度 20℃，用辐射率为 0.95 的热像仪检测目标温度为 50℃，当辐射率调至 0.5，得到的温度数据将（　　）。

A. 高于 50℃；　　B. 高于 20℃，低于 50℃；

C. 低于 20℃；　　D. 没有变化。

53. 如果一个物体的辐射率为 0.8，温度为 100℃，这就意味着（　　）。

A. 这个物体辐射 100℃全部能量的 80%；

B. 这个物体反射 100℃全部能量的 80%；

C. 这个物体辐射 80℃的全部能量；

D. 这个物体反射 80℃的全部能量。

54. 从地面上看到距离 80m 远的传输线的连接装置上有一个热点，检测温度时，它的温度读数要比预料的小得多，实际上显示还要低于环境温度。这最有可能的原因是（　　）。

A. 透过率没有设置；　　B. 没有准确聚焦；

C. 距离太远无法准确测量；　　D. 辐射率设置不正确。

55. 红外热像仪镜头上有反光的涂层是为了（　　）。

A. 增加红外线透过率；　　B. 保护镜头；

C. 防止灰尘沾在镜头上；　　D. 防止镜头腐蚀。

56. 在检查 400V 母线时，在一个螺栓连接上有“热点”。下一步应该（　　）。

A. 检查负荷读数；

B. 立刻给设备断电；

C. 做好随后的检查计划；

D. 改变测量角度，看“热点”是否随着位置的变化，以判断是否有反射能量干扰。

57. 下列因素与发生故障的电气连接点温度无关的是（　　）。

A. 连接点接触面的电阻；　　B. 系统负荷；

C. 环境温度；　　D. 热像仪的探测器波段。

58. 假设正在检测开关柜，带电铝母排上的胶带比母排本身热，可能的原因是（　　）。

A. 胶带的辐射率比较高；　　B. 胶带的反射能力较强；

C. 母排本身就比胶带温度低；　　D. 母排的反射能力弱于胶带。

59. 在进行背景温度修正时，还有（　　）参数会影响到修正的准确性。

A. 辐射率；　　B. IFOV；　　C. 调色板；　　D. 温度量程。

60. 热像仪在维护保养中，下面说法错误的是（　　）。

A. 可以用中性溶剂轻擦镜头；　　B. 需要保存在干燥的环境下；

C. 可以用汽油擦外壳；　　D. 保存通常在-20~60℃范围内。

61. 下面（　　）参数的修正不会影响到温度。

A. 辐射率；　　B. 背景温度；　　C. 大气透过率；　　D. 调色板。

62. 关于热像仪的电池，下列说法错误的是（　　）。

A. 电池可在0℃环境下使用；　　B. 电池可以在-10℃环境下充电；

C. 电池可以在50℃环境下使用；　　D. 电池可以从热像仪上进行更换。

63. 若检测目标太小，下列措施无效的是（　　）。

A. 在确保安全的前提下走得近些；　　B. 更换长焦镜头；

C. 准确调焦；　　D. 换台像素更多的热像仪。

64. 检测金属材料时发现有部分位置温度比较高，周边无其他干扰，下面原因不可能的是（　　）。

A. 温度高的部分涂了漆；　　B. 温度高的部分有凹陷；

C. 温度高的部分更加光亮；　　D. 温度高的部分颜色较暗。

65. 下面对热像仪的操作描述，错误的是（　　）。

A. 热像仪需要避开强磁场环境；

B. 热像仪不能在太近的距离下正常工作；

C. 热像仪可以直接穿透柜门进行拍摄；

D. 热像仪在室外需要避开阳光。

66. 热像仪在检测储油柜的液位时，有时会看到储油柜上部的温度比环境温度还要低，请问最有可能是的原因是（　　）。

A. 储油柜的辐射率比较高；　　B. 储油柜的辐射率比较低；

C. 储油柜的温度比环境温度低；　　D. 储油柜会反射天空辐射的能量。

67. 热像仪拍摄目标的清晰度，与下列（　　）参数无关。

A. 像素；　　B. 检测距离；

C. 目标的辐射率；　　D. 镜头。

68. 根据 DL/T 664—2008 标准，进行一般检测时通常辐射率设置为（　　）。

A. 0.95；　　B. 0.90；

C. 0.85；　　D. 按照辐射率表进行设置。

69. 金属接头发热至50℃，这时辐射率设置为0.90，当辐射率向下调整时，温度值会（　　）。

A. 升高；　　B. 降低；　　C. 不变；　　D. 都有可能。

70. 下列金属材料中，辐射率最低的是（　　）。

A. 氧化黄铜；　　B. 强氧化铝；　　C. 加工铸铁；　　D. 黄铜镜面。

71. 红外热像仪在使用时，操作正确的是（　　）。

A. 热像仪对着阳光进行拍摄；　　B. 下雨时在室外拍摄；

C. 雾天拍摄时调整大气透过率；　　D. 低温环境下开机后马上拍摄。

72. 电力系统使用的调色板模式是（　　）。

A. 灰度；　　B. 彩虹；　　C. 铁红；　　D. 灰度反转。

73. 下面说法错误的是（　　）。

A. 热像仪可以在完全黑暗的环境下拍摄；

B. 室内的灯光可能会对热像仪拍摄造成干扰；

C. 雾天热像仪一般不宜进行拍摄；

D. 精确检测时热像仪一般在白天进行室外拍摄。

74. 下面（　　）是热像仪无法检测的。

A. 隔离开关；　　B. 接线排；

C. 变压器内部出线接头；　　D. 泄漏的 SF_6。

75. 热像仪与红外测温仪（点温仪）相比，往往测到的温度会比较高，最有可能的原因是（　　）。

A. 热像仪的 IFOV（空间分辨率——瞬时视场角）比红外测温仪好；

B. 热像仪测温精度更高；

C. 热像仪显示的是一个面；

D. 热像仪可以进行背景温度修正。

76. 热像仪的菜单操作过程中，（　　）会影响到温度。

A. 等温线；　　B. 最高、最低温度显示；

C. 温度的自动和手动范围；　　D. 镜头选择。

二、多项选择题

1. 电力电缆开展红外热像检测试验，主要检测的部位是（　　）。

A. 电缆终端；　　B. 非直埋式电缆中间接头；

C. 交叉互联箱；　　D. 外护套屏蔽接地点。

2. 避雷器带电检测项目有（　　）。

A. 红外热像检测；　　B. 运行中持续电流检测；

C. 相对介损点容量；　　D. 高频法局部放电检测。

3. 以下可能是变压器油温异常升高原因有（　　）。

A. 变压器过负荷；　　B. 冷却系统运行异常；

C. 变压器发生故障或异常；　　D. 环境温度过高。

4. 导流回路故障主要是载流导体连接处接触不良引起的过热，究其原因是由于（　　）引起的故障。

A. 触头或连接件接触电阻过大；　　B. 触头表面氧化；

C. 机械卡滞；　　D. 接触压力降低。

5. 电气设备表面温度的测量方法主要有（　　）。

A. 温度计直接测量法；　　B. 传感器法；

C. 设备间内悬挂温度计法；　　D. 红外测温法。

6. 红外诊断高压断路器内部缺陷主要包括（　　）。

A. 动、静触头接触不良；　　B. 静触头座接触不良；

C. 中间触头接触不良；
D. 内部气体压力过大。

7. 造成高压隔离开关发热故障的原因主要是（　　）。

A. 分闸操作不到位；
B. 合闸操作不到位；
C. 合闸操作过度；
D. 触头与触头不水平或不垂直。

8. 高压套管内导电连接的方式有（　　）。

A. 导杆式连接；
B. 连续式连接；
C. 穿缆式连接；
D. 将军帽结构连接。

9. 高压电容式套管绝缘缺陷故障主要包括（　　）。

A. 进水受潮；
B. 局部放电；
C. 油质劣化；
D. 油位低于数个瓷裙；
E. 瓷套表面污秽；
F. 末屏接地不良。

10. 造成电容式套管末屏发热故障的原因包括（　　）。

A. 末屏引线脱落；
B. 接地端螺母松动；
C. 末屏引线太短；
D. 末屏套管绝缘不良。

11. 电力变压器开展红外热像检测试验，主要检测的部位是（　　）。

A. 出线装置；
B. 油箱；
C. 储油柜；
D. 冷却装置；
E. 电流互感器升高座；
F. 吸湿器。

12. 变压器缺陷可利用红外诊断有效检测的内容有（　　）。

A. 三相直流电阻不平衡；
B. 外部引线与套管连接不良；
C. 套管密封不良、进水受潮；
D. 套管内部引线接触不良或焊接不良；
E. 储油柜有积水。

三、判断题

1. 红外线就是仪器发出的红色亮点。（　　）

2. 红外热像仪工作原理是辐射出红外线，接收到反射信号进行红外热像图的显示。（　　）

3. 红外热像仪只能测量玻璃表面的温度，而不能透过玻璃测量。（　　）

4. 测量目标表面如果温度一致，在红外热像仪显示屏上将只能看到单一的

画面。(　　)

5. 红外热像仪可以直接检测泄漏的 SF_6 气体。(　　)

6. 作为一般检测，被测设备的辐射率设置为 0.90。(　　)

7. 电力系统热像图调色板为灰度模式。(　　)

8. 红外热像仪可以对太阳进行拍摄。(　　)

9. 因为红外线有穿透性，所以可以在雷、雨、雾、雪等天气状态下检测。(　　)

10. 在室内使用热像仪检测需要注意避开灯光的干扰。(　　)

11. 红外热像仪的校准使用的是黑体炉。(　　)

12. 红外热像仪辐射率调整可以超过 1.0。(　　)

13. 只有像素值才会影响到热像图的清晰度。(　　)

14. 氧化黄铜的辐射率一般在 0.6 左右。(　　)

15. 表面涂漆的金属，其辐射率也需要按照辐射率表来进行修正。(　　)

16. IFOV 是指镜头的角度。(　　)

17. IFOV 值越小，说明对远距离检测效果越好。(　　)

18. 光亮金属的辐射率通常比非金属材料高。(　　)

19. 在低负荷条件下，用红外热像仪检测的目标的实际温度会比测量值高。(　　)

20. 红外热像仪可以长时间在低于-20℃的环境下工作。(　　)

21. 红外线是不能被看到的。(　　)

22. 背景温度修正通常指对目标所反射背景辐射出的能量进行修正。(　　)

23. 在有雾的天气条件下进行红外热像检测需要对大气透过率进行设置。(　　)

24. 热像仪镜头可以用干的布进行擦拭。(　　)

25. 通常可以将热像仪存放在-20~60℃的环境里。(　　)

26. 热像仪的电池可以在低于-10℃的环境下充电。(　　)

27. 对于远距离的目标检测通常需要更换广角镜头。(　　)

28. DL/T 664—2008 规定，一般不在低于 40% 以下的负荷进行热像检测。(　　)

29. 在夜间进行室外检测，其检测效果通常比白天好，原因是避开了阳光的

反射干扰。（　　）

30. 红外热像仪可以直接在雨中使用。（　　）

31. 热像仪在开机预热中不会影响到温度检测的精度。（　　）

32. 红外热像仪在低温情况下需要进行充分预热才可以进行检测。（　　）

33. 热像仪的 IFOV 是 1.3mrad，对 1cm 接头进行检测时，最远可以在 10m 的距离。（　　）

34. 热像仪显示的温度最小读数是 0.1℃，但并不代表测温精度是 0.1℃。（　　）

35. 热像仪在保存时需要盖上镜头盖。（　　）

36. DL/T 664—2008 规定，一般检测要求的室外风速通常不超过 0.5m/s。（　　）

37. 在检测三相接线排时，如果发现有 30℃左右的热点，需要考虑人体能量对目标的反射干扰。（　　）

38. 检测金属材料时发现有部分位置温度比较高，其原因之一是材料表面不平或有凹陷造成的辐射率较高。（　　）

39. 红外线对人体有损害。（　　）

40. 热像仪在开机后需进行内部温度校准，待图像稳定后即可开始工作。（　　）

41. 在安全距离允许的条件下，红外仪器宜尽量靠近被测设备，使被测设备（或目标）尽量充满整个仪器的视场。（　　）

42. 热像仪存放应有防湿措施和干燥措施。（　　）

43. DL/T 664—2008 规定，精确检测的辐射率通常设置为 0.90。（　　）

44. 热像仪可在强磁场环境中工作。（　　）

45. 在精确检测中需要记录被测设备的负荷情况。（　　）

46. 热像仪通常会有最近的聚焦距离。（　　）

47. 对于电气柜，红外热像仪可以直接透过柜门进行检测。（　　）

48. 雨、雪会覆盖在设备表面，影响红外热像检测的准确性。（　　）

49. 改变大气透过率不会改变目标温度值。（　　）

50. 热像仪可透过塑料薄膜进行检测。（　　）

51. 利用红外热像技术，可对电力系统中具有电流、电压致热效应或其他致热效应的带电设备进行检测和诊断。（　　）

52. 金属氧化物避雷器的例行试验项目不含避雷器本体绝缘电阻的测试。(　　)

53. 高压套管红外热像检测主要检测高压套管本体及其电气连接部位，红外热像图显示应无异常温升、温差和（或）相对温差。测量时记录环境温度、负荷及其3h内的变化情况，以便分析参考。(　　)

54. 电击穿与电场形状有关而几乎与温度无关。(　　)

55. 任何物体只要它的温度高于绝对零度，就存在热辐射，而热辐射中最强的电磁波是红外波。因此，利用红外检测可以直接检测发现变压器内部发热缺陷。(　　)

56. 低辐射率物体的红外图像表面温度接近环境温度。(　　)

57. 红外热像测试中，调焦的作用是得到正确的辐射能。(　　)

58. 红外辐射强度与物体的材料、温度、表面光度、颜色等无关。(　　)

59. 红外热像仪可以直接检测气体的温度。(　　)

60. 电流互感器例行试验项目红外热像检测，主要检测高压引线连接处、电流互感器本体等部位。(　　)

61. 红外检测温升异常或怀疑一次绕组存在接触不良时，应测量一次绕组电阻。(　　)

62. 在进行与温度和湿度有关的各种带电检测时（如红外热像检测等），应同时测量环境温度与湿度。(　　)

63. 室外进行红外热像检测应在日出之前、日落之后或阴天进行。(　　)

64. 开展高压电缆红外热像检测时，主要对电力电缆终端和非直埋式电缆中间接头、交叉互联箱、外护套屏蔽接地点等部位进行检测和诊断。(　　)

65. 开关柜内部红外热像检测，主要检测开关柜内部进、出线电气连接处，红外热像图显示应无异常温升、温差和（或）相对温差。(　　)

66. 当隔离开关的红外热像检测发现异常时，不需进行主回路电阻测量。(　　)

67. 串联补偿装置红外热像检测主要检测平台上各设备（可视部分）、电气连接处等，红外热像图显示应无异常，温升、温差和（或）相对温差值在正常范围内。(　　)

68. 变电站设备外绝缘及绝缘子的红外热像检测，应在阴雨、雾天进行。主要检测设备外绝缘、支柱绝缘子、悬式绝缘子等外表，红外热像显示应无热区分布的异常；温升、温差应在 DL/T 664—2008“电流致热型设备缺陷诊断判据”规定值的范围内。(　　)

69. 对于运行 20 年以上的电力设备，宜根据设备运行及状态评价结果，缩短红外检测周期。(　　)

70. 铭牌上应有型号、出厂编号等是红外测温仪、红外热像仪通用技术要求。(　　)

71. 红外热像仪的基本误差满足要求的情况下，连续稳定工作的时间不应小于 2h。(　　)

72. 红外测温仪是一种非成像型的红外温度检测与诊断仪器，通过测量物体发射的红外辐射能量来确定被测物体的温度。(　　)

73. 红外热像仪是通过红外光学系统、红外探测器及电子处理系统，将物体表面红外辐射转换成可见图像的设备。它具有测温功能，具备定量绘出物体表面温度分布的特点，将灰度图像进行伪彩色编码。(　　)

74. 开关柜红外热像检测、缺陷、柜体表面温度与环境温差大于 10K。(　　)

75. 高压电缆红外热像检测带电检测终端本体相间超过 2℃应加强监测，超过 4℃应停电检查。(　　)

76. 高压电缆红外热像检测带电检测外部金属连接部位，相间温差超过 6℃应加强监测，超过 10℃应申请停电检查。(　　)

四、分析论述题

1. 如何利用简便的方法确定某个物体（材料）的辐射率？
2. 如何理解物体的辐射率？
3. 电力设备的主要故障模式有哪些？
4. 什么是红外检测一般缺陷？
5. 什么是红外检测严重缺陷？
6. 什么是红外检测危急缺陷？
7. 红外检测对检测人员的要求是什么？
8. 如何进行红外检测的故障特征与诊断判别？

参考答案

一、单项选择题

1. D；2. D；3. A；4. C；5. C；6. D；7. C；8. D；9. A；10. A；11. A；12. C；13. D；14. B；15. A；16. A；17. C；18. D；19. A；20. A；21. D；22. D；23. B；24. D；25. B；26. B；27. C；28. B；29. A；30. C；31. A；32. C；33. C；34. A；35. D；36. C；37. C；38. B；39. A；40. C；41. D；42. C；43. D；44. C；45. D；46. C；47. B；48. D；49. B；50. C；51. A；52. A；53. A；54. C；55. A；56. D；57. D；58. A；59. A；60. C；61. D；62. B；63. C；64. C；65. C；66. D；67. C；68. B；69. A；70. D；71. C；72. C；73. D；74. C；75. A；76. D。

二、多项选择题

1. ABCD；2. ABD；3. ABCD；4. ABCD；5. ABD；6. ABC；7. BCD；8. ACD；9. ABCDEF；10. ABC；11. ABCDE；12. BCDE。

三、判断题

1. ×；2. ×；3. √；4. ×；5. ×；6. √；7. ×；8. ×；9. ×；10. √；11. √；12. ×；13. ×；14. √；15. √；16. ×；17. √；18. ×；19. √；20. ×；21. √；22. √；23. √；24. ×；25. √；26. ×；27. ×；28. ×；29. √；30. ×；31. ×；32. √；33. ×；34. √；35. √；36. ×；37. √；38. √；39. ×；40. √；41. √；42. √；43. ×；44. ×；45. √；46. √；47. ×；48. √；49. ×；50. √；51. √；52. √；53. √；54. √；55. ×；56. √；57. √；58. ×；59. ×；60. √；61. √；62. √；63. √；64. √；65. √；66. ×；67. √；68. ×；69. √；70. √；71. √；72. ×；73. √；74. √；75. √；76. √。

四、分析论述题

1. 答：确定某物体的辐射率请按照以下步骤：

（1）首先用热偶或接触测温仪测出被测物体的真实温度，然后用红外测温仪测量该物体，并边测边改变仪器的辐射率，直到显示值与物体的真实温度一致。

（2）如果所测量的温度达到76℃，可以将一个特殊的塑料带缠绕在（或粘贴）在被测物体表面，使被测物体被塑料部分覆盖，将红外测温仪的辐射率设置成0.95，测出塑料带的温度，然后测量塑料带周围的温度，调节辐射率使显示值和塑料片的温度一致。

2. 答：某个物体向外发射的红外辐射强度取决于这个物体的温度和这个物体表面材料的辐射特性，用辐射率（ε）描述物体向外发射红外能量的能力。辐射率的取值范围可以从0到1。通常说的“黑体”是指辐射率为1.0的理想辐射源，而镜子的辐射率一般为0.1。如果用红外测温仪测量温度时选择的辐射率过高，测温仪显示的温度将低于被测目标的真实温度（假设被测目标的温度高于环境温度）。

3. 答：电力设备的主要故障模式有：

（1）电阻损耗（铜损）增大故障；

（2）介质损耗增大故障；

（3）铁磁损耗（铁损）增大故障；

（4）电压分布异常和泄漏电流增大故障；

（5）缺油及其他故障。

4. 答：一般缺陷指设备存在过热，有一定温差，温度场有一定梯度，但不会引起事故的缺陷。这类缺陷一般要求记录在案，注意观察其缺陷的发展，利用停电机会检修，有计划地安排试验检修消除缺陷。

当发热点温升值小于15K时，不宜采用DL/T 664—2008标准的规定确定设备缺点的性质。对于负荷率小、温升小但相对温差大的设备，如果负荷有条件或机会改变时，可在增大负荷电流后进行复测，以确定设备缺陷的性质，当无法改变时，可暂定为一般缺陷，加强监视。

5. 答：严重缺陷指设备存在过热，程度较重，温度场分布梯度较大，温差较大的缺陷。这类缺陷应尽快安排处理。对电流致热型设备，应采取必要的措施，如加强检测等，必要时降低负荷电流；对电压致热型设备，应加强监测并安排其他测试手段，缺陷性质确认后，立即采取措施消缺。

6. 答：危急缺陷指设备最高温度超过GB/T 11022—2011规定的最高允许温度的缺陷。这类缺陷应立即安排处理。对电流致热型设备，应立即降低负荷电流或立即消缺；对电压致热型设备，当缺陷明显时，应立即消缺或退出运行，如有必要，可安排其他试验手段，进一步确定缺陷性质。

7. 答：红外检测属于设备带电检测，检测人员应具备以下条件：

（1）熟悉红外诊断技术的基本原理和诊断程序，了解红外热像仪的工作原理、技术参数和性能，掌握热像仪的操作程序和使用方法。

（2）了解被检测设备的结构特点、工作原理、运行状况和导致设备故障的基本因素。

（3）熟悉相关标准，接受过红外热像检测技术培训，并经相关机构培训合格。

（4）有一定的现场工作经验，熟悉并能严格遵守电力生产和工作现场的有关安全管理规定。

8. 答：主要应研究各种电力设备在正常运行状态和产生不同故障模式时的状态特征及其变化规律，以及故障属性、部位和严重程度分等定级的不同判断方法与判据，逻辑诊断的推理过程与方法。另外，还应熟悉电力生产过程、各种电力设备的基本结构、功能与运行工况。

附录B　红外热像检测作业指导书

红外热像检测作业指导书

编写：__________ ______年____月____日

安全：__________ ______年____月____日

审核：__________ ______年____月____日

批准：__________ ______年____月____日

工作负责人：________________________

作业日期：______年____月____日____时

至______年____月____日____时

1　编制目的及适用范围

本标准规定了红外热像检测标准化作业的工作步骤和技术要求。

本标准适用于国网技术学院状态检测岗位培训红外热像检测操作项目。

2　编制依据

下列文件对于本文件的应用是必不可少的。凡是注日期的引用文件，仅注日期的版本适用于本文件。凡是不注日期的引用文件，其最新版本（包括所有的修改单）适用于本文件。

GB 50150—2006　电气装置安装工程　电气设备交接试验标准

DL/T 393—2010　输变电设备状态检修试验规程

DL/T 664—2008　带电设备红外诊断应用规范

Q/GDW 232. 18—2008　国家电网公司生产技能人员职业能力培训规范　第 18 部分：电气试验

Q/GDW 1168—2013　输变电设备状态检修试验规程

Q/GDW 1799. 1—2013　国家电网公司电力安全工作规程　变电部分

国家电网生〔2004〕503 号　国家电网公司现场标准化作业指导书编制导则（试行）

3　试验准备

3.1　准备工作安排

序号	内　　容	标　　准	√
1	了解培训班办班单位、地点、班级人数、人员的学历及工作经验等情况		
2	测温前准备好所需工器具、仪器仪表和相关技术资料，确定测温路线	红外热成像仪应校验合格，满足本次操作的要求，材料应齐全，图纸及资料应符合现场实际情况，现场工器具摆放位置应确保现场操作安全、可靠	

续表

序号	内　　容	标　　准	√
3	根据本作业指导书内容和班级情况确定上课人员、制定课程表、授课计划		
4	根据本次工作内容和性质确定好操作学员，并组织学习本指导书	要求所有操作学员都明确本次操作的工作内容、工作标准及安全注意事项	

已执行项打“√”；不执行项打“×”。下同。

需在序号栏中数字的左侧用“★”符号标识出关键工作项，执行时在打“√”栏中签字确认。下同。

3.2　人员要求

序号	内　　容	√
1	参与操作的学员身体状况、精神状态良好、着装符合要求	
2	所有学员必须具备必要的电气知识，基本掌握本专业工作技能及《电力安全工作规程》的相关知识	
3	了解被检测设备的结构特点、外部接线、运行状况和导致设备故障的基本因素	
4	了解红外成像诊断技术的基本条件和诊断程序，熟悉红外成像仪的工作原理、技术参数和性能、掌握所用仪器的工作原理、性能指标、操作程序和调试方法	
5	对各试验项目的责任人进行明确分工，使工作人员明确各自的职责内容	

3.3 工器具及材料

序号	名 称	规 格	单位	数量	√
1	红外热成像仪		台		
2	干湿温度计		个		
3	试验现场记录本		本		
4	台式或笔记本电脑		台		
5	红外分析软件		个		
6	计算器		个		
7	安全帽		顶		

3.4 危险点分析

序号	内 容	√
1	作业人员的身体状况不适、思想波动、不安全行为等，易发生人身伤害	
2	工作期间，试验人员违章跨越围栏或误入带电间隔，易人身触电事故	
3	试验人员与带电部位未保持足够的安全距离，易造成人身触电	
4	与其他专业交叉作业时易造成人身伤害和设备损坏	
5	劳动保护用品使用不当，会造成人员伤害	
6	试验过程中不呼唱，易造成人身伤害	
7	试验过程中作业人员精力不集中、闲谈等易造成人身伤害和设备损坏	

3.5 安全措施

序号	内　　容	√
1	工作前工作负责人对工作班成员身体状况、精神面貌、遵章守纪情况进行观察、了解，不符合作业条件的人员不宜安排现场工作。所有作业人员必须具备必要的电气知识，基本掌握本专业作业技能及《国家电网公司电力安全工作规程》的相关知识，并经考试合格	
2	严禁工作人员违章，钻、跨围栏，擅离工作现场，误入带电间隔	
3	试验人员与带电部位保持足够的安全距离，监护人员加强试验的全过程监护	
4	与其他专业交叉作业时，加强协调联系，合理调配，确保安全	
5	正确使用劳动防护用品	
6	作业过程中要求作业人员精力集中，严禁与工作无关的行为	

3.6 人员分工

序号	项　　目	负责人	作业人员	√
1	测温人员：试验仪器操作，数据记录			
2	监护人员：识别测温现场危险源，组织落实防范措施；对测温过程中的安全进行监护			

4　试验程序

试验项目	试验流程	试验方法	试验注意事项	责任人
红外热成像检测试验	操作准备	1）实训师向学员交代工作内容、人员分工、带电部位，进行危险点告知，并履行确认手续后开工； 2）准备试验用的仪器、仪表、工具，所用仪器、仪表、工具应良好并在合格周期内； 3）检查着装； 4）进入工作现场； 5）检查热像仪及附件、电脑及附件； 6）工作负责人办理工作票； 7）申请许可开始工作； 8）宣读工作票、交代安全注意事项； 9）进行人员分工：工作组织、安全监护，红外测试，记录、协助测试； 10）工作成员签名	1）一般检测： 环境温度一般不低于5℃，相对湿度一般不大于85%；天气以阴天、多云为宜，夜间图像质量为佳；不应在雷、雨、雾、雪等气象条件下进行，检测时风速一般不大于5m/s； 2）精确检测： 风速一般不大于0.5m/s； 设备通电时间不小于6h，最好在24h以上； 检测期间天气为阴天、夜间或晴天日落2h后； 被检测设备周围应具有均衡的背景辐射，应尽量避开附近热辐射源的干扰，某些设备被检测时还应避开人体热源等的红外辐射； 避开强电磁场，防止强电磁场影响红外热像仪的正常工作； 在安全距离保证的条件下，尽可能从多角度、近距离拍摄异常设备红外图像	
	操作过程	1）操作人安装电池、储存卡、开机。 2）记录人记录环境条件。 3）进行一般检测。 4）设置参数： 辐射率：0.9； 距离：m； 温度：℃； 湿度：%。 5）开始测试。 6）改变位置测试下一设备。 7）对发现异常的设备进行精确测试。 8）设置参数： 辐射率：根据不同设备设置； 距离：m； 温度：℃； 湿度：%。 9）开始测试。 10）测试完毕		

续表

试验项目	试验流程	试验方法	试验注意事项	责任人
红外热成像检测试验	操作结束	1）检查现场，操作人关机； 2）整理仪器，记录温度和湿度，把仪器放回原位； 3）离开测试现场； 4）图像分析处理； 5）申请终结工作票； 6）上交工作票、测试记录、作业卡、测试报告		

5 试验总结

序号	试验总结	
1	验收评价	
2	存在问题及处理意见	

6 指导书执行情况评估

分类	项目	等级	评价	类别	评价
评估内容	符合性	优		可操作项	
		良		不可操作项	
	可操作性	优		修改项	
		良		遗漏项	
存在问题					
改进意见					

附录C　红外热像检测技能操作考核评分表

红外检测技能操作考核评分表

姓名：________________　班级：________________　准考证号：________________

项目：____

时间：________年____月____日，开始时间：____时____分，结束时间：____时____分

序号	项目	标准分	评　分　细　则	扣分	实得分
1	准备工作	5	（1）安全帽、着工装、绝缘鞋不规范扣1分		
			（2）未进行危险点分析扣1分		
			（3）未向工作班成员交代测试过程的有关安全注意事项扣1分		
			（4）工作负责人未进行工作分工，扣0.5分		
			（5）未对仪器有效期检查 扣0.5分		
			（6）没有记录环境温、湿度各扣1分		
2	仪器设定	5	（1）设置仪器补偿参数环境温度，设置不正确扣1分		
			（2）设置仪器补偿参数相对湿度，设置不正确扣1分		
			（3）设置仪器辐射系数，设置不正确扣2分		
			（4）设置仪器补偿参数目标距离，设置不当扣1分		
3	现场测试	30	（1）入场开始进行一般检测，需移动停顿三个点以上，未见扣2~4分（不同检测要求其操作行为、过程的正确性，下同）		
			（2）进行精确检测（动作观察），未见扣2~4分		
			（3）一般检测辐射率设置0.9，精确检测辐射率设置电瓷0.92，涂漆金属0.95（看最终相关测试报告记录）每项扣3分，共9分		

续表

序号	项目	标准分	评　分　细　则	扣分	实得分
3	现场测试	30	（4）行走拍摄扣3分（不安全）		
			（5）测试结束后仪器回收不规范、仪器设备未放回原处扣3分		
			（6）未报告考核员现场实测结束扣2分		
4	试验报告	55	本栏评分请注意要对应故障点检测报告		
			（1）检测试验报告每一个设备缺陷单独一份。记录不全或未记录被测设备名称、仪器型号、仪器编号、检测单位编号、试验日期扣1分		
			（2）红外图像不清晰扣2分		
			（3）红外图像画面布置 不合理扣2分		
			（4）被测试设备的整体分析热图像中基本信息缺失扣2分［如分析需要时的线性分析、比较点信息、区域温度、特征温度值（最高最低等）、温度标尺等］		
			（5）被测试设备的相别、发热具体位置描述缺项扣1分		
			（6）判断方法、诊断判据和缺陷定性漏项或不准确扣3分		
			（7）未给出处理建议，缺陷性质判断不当扣3分（辅助预试，一般 严重 危急）		
			（8）报告文字描述等准确、言简意明，反之扣1分		
5	其他	5	（1）试验中出现不安全、一般性违章、试验仪器仪表损坏扣2分		
			（2）未填写设备双重名称、现场记录潦草、未签名扣0.5分		
			（3）现场测试和试验报告应在规定的时间内完成，未完成的试验，每拖延1min扣1分，5min必须终止		
	合　　计（满分100分）				

评分考评签名________________　　　　　　日期________________

附录 D　电气设备红外热像检测报告（样例）

1. 检测工况

××××××变电站/线路

单位	××检修公司	测试仪器	PAL-30	仪器编号	001
设备名称（电压等级）	35kV 隔离开关	图像编号	18	辐射系数	0.9
负荷电流（检测时）	200A	额定电流	350A	测试距离	15m
天气	阴	环境温度	7℃	湿度	30%
风速	0.4m/s	检测时间	2010.1.19	环温参照体温度	6℃

2. 图像分析

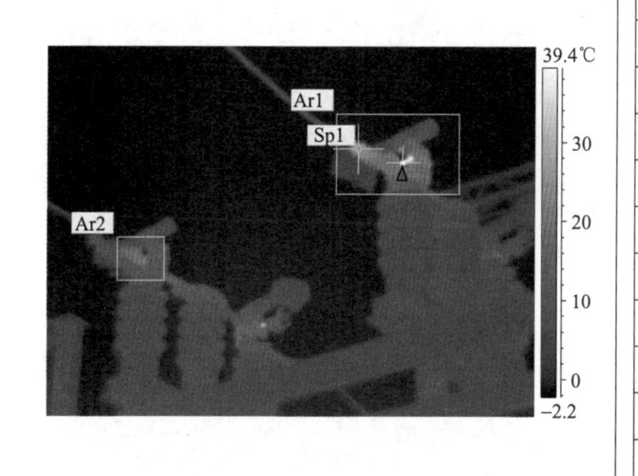

图像 日期	2010/1/19
图像 文件名	IR_20100119_016.jpg
图像 最高温度	48.4℃
图像 最低温度	* -4.4℃
辐射率	0.9
对象距离	15.0m
大气温度	7.0℃
相对湿度	30.0%
Ar1 最高温度	48.4℃
Ar2 最高温度	19.0℃
Sp1 温度	26.1℃

3. 诊断分析和缺陷性质

（1）隔离开关刀口部位发热，温度为 48.4℃，引线线夹部位温度为 26.1℃，其他相刀口部位温度为 19.0℃，原因为触指弹簧压力不足、触指表面接触面氧化、压紧螺丝松动造成。

（2）温差大于 15K；相对温差（48.4℃-19.0℃）/（48.4℃-6.0℃）×100%＝69.33%。

（3）根据 DL/T 664—2008《带电设备红外诊断应用规范》，电流致热型设备缺陷诊断判据判断为一般缺陷。

4. 处理意见

(1) 将缺陷记录在案，有停电机会时进行处理。 (2) 缺陷处理前后应进行直流电阻测量，检查处理效果。

5. 备注

检测单位：××检修公司　　检测人员：×××，×××　　日期：×××

附录E　变电站（发电厂）第二种工作票

变电站（发电厂）第二种工作票

单位 ______________________________　编号________________

1. 工作负责人（监护人）______________　班组________________

2. 工作班成员（不包含工作负责人）

____

____

____

____共______人

3. 工作的变、配电站名称及设备双重名称

____

____

____

____

4. 工作任务

工作地点或地段	工 作 内 容

5. 计划工作时间

自_____年__月__日__时__分

至____年__月__日__时__分

6. 工作条件（停电或不停电，或邻近及保留带电设备名称）

____

____

____

7. 注意事项（安全措施）

____

____

____

____

工作票签发人签名__________ 签发日期______年__月__日__时__分

8. 补充安全措施（工作许可人填写）

____

____

____

____

____

____

____

9. 确认工作票1~8项

工作负责人签名____________ 工作许可人签名____________

许可工作时间______年__月__日__时__分

10. 确认工作负责人布置的工作任务和安全措施

工作班人员签名：

____

____

____

____

____

____

11. 工作票延期

有效期延长到________年__月__日__时__分

工作负责人签名________________________　____年__月__日__时__分

工作许可人签名________________________　____年__月__日__时__分

12. 工作票终结

全部工作于______年__月__日__时__分结束，工作人员已全部撤离，材料工具已清理完毕。

工作负责人签名______________　____年__月__日__时__分

工作许可人签名______________　____年__月__日__时__分

13. 备注

____

____

____

____

____

附录F 常见物质典型辐射率

常见物质典型辐射率

典型辐射率（金属）		典型辐射率（金属）	
材料	辐射率	材料	辐射率
1μm	8~14μm	生锈的	0.5~0.7
铝		熔融的	—
非氧化	0.02~0.1	铸铁	
氧化	0.2~0.4	氧化	0.6~0.95
合金 A3003		非氧化	0.2
氧化	0.3	熔融的	0.2~0.3
打毛	0.1~0.3	锻铁	
抛光	0.02~0.1	毛面	0.9
黄铜		铅	
抛光	0.01~0.05	抛光	0.05~0.1
打磨	0.3	打毛	0.4
氧化	0.5	氧化	0.2~0.6
铬	0.02~0.2	镁	0.02~0.1
铜		汞	0.05~0.15
抛光	0.03	钼	
打毛	0.05~0.1	氧化	0.2~0.6
氧化	0.4~0.8	非氧化	0.1
金	0.01~0.1	蒙乃尔合金（Ni-Cu）	0.1~0.14
哈氏合金	0.3~0.8	镍	
铬镍铁合金		氧化	0.2~0.5
氧化	0.7~0.95	电解	0.05~0.15
喷沙	0.3~0.6	铂	
电抛光	0.15	无镀层	0.9
铁		银	0.02
氧化	0.5~0.9	钢	
非氧化	0.05~0.2	冷轧	0.7~0.9

续表

典型辐射率（金属）		典型辐射率（非金属）	
材料	辐射率	材料	辐射率
磨光	0.4~0.6	陶瓷	0.95
抛光板	0.1	黏土	0.95
熔融	—	混凝土	0.95
氧化	0.7~0.9	布	0.95
不锈钢	0.1~0.8	玻璃	
锡（非氧化）	0.05	平板	0.85
钛		块状	—
抛光	0.05~0.2	砾石	0.95
氧化	0.5~0.6	石膏	0.8~0.95
钨	0.03	冰	0.98
抛光	0.03~0.1	石灰石	0.98
锌		油漆（不是所有的）	0.9~0.95
氧化	0.1	纸（任何颜色）	0.95
抛光	0.02	塑料（不透明，厚超过 20mils）	0.95
典型辐射率（非金属）			
石棉	0.95	橡胶	0.95
沥青	0.95	沙	0.9
玄武岩	0.7	雪	0.9
碳		土壤	0.9~0.98
非氧化	0.8~0.9	水	0.93
石墨	0.7~0.8	木头（天然生长）	0.9~0.95
碳化硅	0.9		

注　1. 使用用于测量的仪器测定物体辐射率。

2. 将被测目标适当遮挡，避免其对环境高温热源的反射。

3. 测量温度较高的物体应选用响应波长较短的测温仪。

参 考 文 献

[1] 国家电网公司运维检修部，李进扬．输变电设备红外检测典型缺陷图谱［M］．北京：中国电力出版社，2014.

[2] 罗军川．电气设备红外诊断实用教程［M］．北京：中国电力出版社，2013.

[3] 国网湖南省电力公司电力科学研究院．电力设备红外诊断典型图谱及案例分析［M］．北京：中国电力出版社，2013.

[4] 张建奇．电红外物理（第二版）［M］．西安：西安电子科技大学出版社，2013.

[5] 杨立，杨桢．红外热成像测温原理与技术［M］．北京：科学出版社，2012.

[6] 胡红光．电力设备红外诊断技术与应用［M］．北京：中国电力出版社，2012.

[7] 王凤雷，国家电网公司人力资源部．电力设备状态监测新技术应用案例精选．北京：中国电力出版社，2009.

[8] 国家电网公司生产技术部．电网设备状态检测技术应用典型案例．北京：中国电力出版社，2012.

[9] 黄新波．变电设备在线监测与故障诊断（第二版）．北京：中国电力出版社，2012.

[10] 吴笃贵．配电设备的状态检修技术．高电压技术（增刊），2012（38）．

[11] 国家电网公司生产技术部．国家电网公司电网设备状态检修丛书：电网设备状态检测技术应用典型案例．北京：中国电力出版社，2012.